·电磁工程计算丛书·

绝缘管母接头热点温度反演方法与应用

阮江军　唐烈峥　陈　柔　张宇娇　著

国家自然科学基金委员会联合基金重点支持项目
“电力设备热点状态多参量传感和智能感知技术”
（U2066217）资助

科　学　出　版　社
北　京

内 容 简 介

本书主要阐述变电站中常用的绝缘管母接头热点温度非植入式反演及动态载流量预测方法。针对接头接触电阻及边界条件无法准确获取的情况，提出将场分布反演问题降维成热流路径反演问题，利用本体径向热流和导体轴向热流，建立接头热点温度的组合反演模型。针对表面温度测量易受环境影响的情况，提出基于隔热层包覆法的表面温度测量方法，能有效提高绝缘管母表面测温的精度和抗环境扰动能力。针对现有动态载流量研究中均未考虑中间接头和环境影响难以量化的情况，采用热路模型简化三维温度场，利用热点温度反演算法辨识关键热路参数，并从表面温度中提取环境信息，建立动态载流量的滚动预测模型。

本书可作为高等院校高电压与绝缘技术专业研究生的参考书，也可供电力系统设计、运行与检修以及绝缘管母制造厂的科研技术人员参考。

图书在版编目（CIP）数据

绝缘管母接头热点温度反演方法与应用/阮江军等著. —北京：科学出版社，2023.11

（电磁工程计算丛书）

ISBN 978-7-03-076931-2

Ⅰ.①绝… Ⅱ.①阮… Ⅲ.①接头-温度-反演算法 Ⅳ.①TM503

中国国家版本馆 CIP 数据核字（2023）第 217246 号

责任编辑：吉正霞 刘小娟/责任校对：高 嵘
责任印制：彭 超/封面设计：苏 波

科学出版社 出版
北京东黄城根北街 16 号
邮政编码：100717
http://www.sciencep.com
武汉精一佳印刷有限公司印刷
科学出版社发行 各地新华书店经销
*
开本：787×1092 1/16
2023 年 11 月第 一 版 印张：8 3/4
2023 年 11 月第一次印刷 字数：207 000

定价：98.00 元

（如有印装质量问题，我社负责调换）

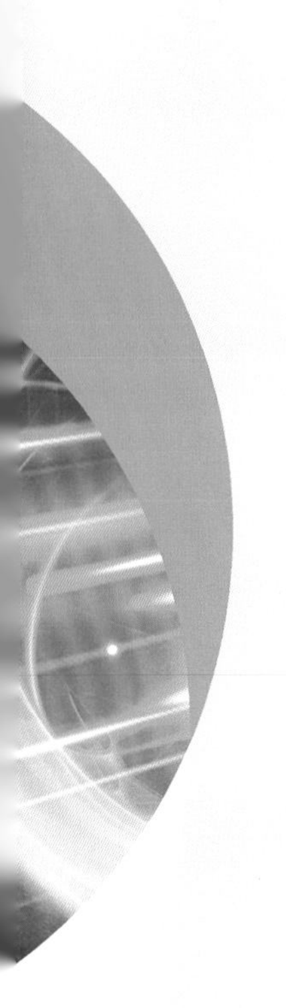

丛书序

电磁场作为一种新的能量形式，推动着人类文明不断进步，电力已成为“阳光、土壤、水、空气”四大要素之后现代文明不可或缺的第五要素，与地球环境自然赋予的四大要素所不同的是，电力完全靠人类自我生产和维系，流转于各类电气与电子设备之间，其安全性、可靠性时刻受到自然灾害、设备老化、系统失控、人为破坏等各方面影响。

电气设备用于电力的生产、传输、分配与应用，涵盖各个电压等级，种类繁多。从材料研制、结构设计、产品制造、运行维护至退役的全寿命过程中，电气设备都离不开电磁、温度/流体、应力、绝缘等各种物理性能的考核，它们相互耦合、相互影响。绝缘介质中的电场由电压（额定电压、过电压等）产生，受绝缘介质的放电电压耐受值限制。铁磁材料中的磁场由电流（工作电流、励磁电流等）产生，受铁磁材料的磁饱和限制。电流在导体中产生焦耳热损耗（铜耗），磁场在铁磁材料及金属结构中产生涡流损耗（铁耗），电压在绝缘介质中产生介质损耗（介损），这些损耗产生的热量通过传导、对流、辐射等方式向大气扩散，在设备中形成的温度场受绝缘介质的最高允许温度限制。电气设备因结构自重、外力（冰载荷、风载荷、地震）、电动力等作用在设备结构中形成应力场，受材料的机械强度限制。绝缘介质在电场、温度、应力等作用下会逐渐老化，其绝缘性能不断降低，影响电气设备的使用寿命。由此可见，电磁-温度/流体-应力-绝缘等多种物理场相互耦合、相互作用，构成电气设备的多物理场。在电气设备设计、制造过程中如何优化多物理场分布，在设备的运行与维护过程中如何感知各种物理状态，多物理场的准确计算成为共性关键技术。

我的博士生导师周克定教授是我国计算电磁学的创始人。在周老师的指导下，我开始从事电磁场计算方法研究，1995 年，我完成了博士学位论文《三维瞬态涡流场的棱边耦合算法及工程应用》，提出了一种棱边有限元-边界元耦合算法，应用于大型汽轮发电机端部涡流场和电动力的计算，并基于此算法开发了一套计算软件。可当我信心满满地向上海电机厂、北京重型电机厂的专家推介这套计算软件时，专家们中肯地指出：发电机端部涡流损耗、电动力的计算结果虽然有用，但不能直接用于端部结构及通风设计，需进一步结合端部散热条件计算温度场，结合绕组结构计算应力场。

1996 年，我开始博士后研究工作，师从原武汉水利电力大学（现为武汉大学）高电压与绝缘技术专业知名教授解广润先生，继续从事电磁场计算方法与应用研究，先后完成了高压直流输电系统直流接地极电流场和温度场耦合计算、交直流系统偏磁电流计算、输电线路绝缘子串电场分布计算、输电线路电磁环境计算、工频磁场在人体中的感应电流计算等研究课题。1998 年，博士后出站后，我留校工作，继续从事电磁场计算方法研究，在柳瑞禹教授、陈允平教授、孙元章教授、唐炬教授、董旭柱教授等学院领导和同事们的支持和帮助下，历经 20 余年，针对运动导体涡流场、直流离子流场、大规模并行计算、多物理场耦合计算、状态参数多物理场反演、空气绝缘强度预测等计算电磁学研究的热点问题，和课题组研究生一起攻克了一个又一个的难题，构建了电气设备电磁多物理场计算与状态反演的共性关键技术体系。研究成果“电磁多物理场分析关键技术及其在电工装备虚拟设计与状态评估的应用”获 2017 年湖北省科学技术进步奖一等奖。

电气设备电磁多物理场数值计算在电气设备设计制造及状态检测中正发挥着越来越重要的作用，电气设备研制单位应积极引进电磁多物理场计算方面的人才，提升设计制造水平，提升我国电气设备在国际市场的竞争力。电网企业应积极推进以电磁多物理场计算为基础的电气设备智能感知方面的科技成果转化，提升电气设备的智能运维水平。更为关键的是，应加快建设我国具有自主知识产权的电磁多物理场分析软件平台，适度摆脱对国外商业软件的依赖，激发并保持科技创新的活力。

丛书的编委全部是课题组培养的博士研究生，各专题著作的主要内容源自他们的博士学位论文。尽管有部分博士生和硕士生的研究成果没有被丛书采编，但他们为课题组长期坚持的电磁多物理场研究提供了有力的支撑和帮助，在此一并致谢！还应该感谢长期以来对课题组撰写的学术论文、学位论文给予批评、指正与帮助的国内外学者，感谢科技部、国家自然科学基金委员会，以及电力行业各企业单位给课题组提供相关科研项目资助，他们为课题组开展电磁多物理场研究与应用提供了必要的支撑。

编写丛书的宗旨在于：系统总结课题组多年来关于电气设备电磁多物理场的研究成果，形成一系列有关电气设备优化设计与智能运维的专题著作，以期对从事电气设备设计、制造、运维工作的同行们有所启发和帮助。丛书编写过程中虽然力求严谨、有所创新，但不妥之处也在所难免。“嘤其鸣矣，求其友声”，诚恳读者不吝指教，多加批评与帮助。

谨为之序。

阮江军

2023 年 9 月 10 日于珞珈山

前　言

绝缘管母具有载流量大、绝缘性能优异等优势，在我国电力系统及高耗能工业企业中得到了广泛应用。绝缘管母的缺陷大多表现为过热，且集中在中间接头处，过热的主要原因之一是接头处导体接触不良，引起异常发热，形成恶性循环，最终造成绝缘击穿。由于导体包裹在接头内部，过热故障具有一定的隐蔽性和潜伏性，传统的温度传感方法难以应用。本书通过分析接头附近热流特征，建立特征点温度与热点温度之间的映射关系，提出绝缘管母接头内部发热状态的非植入式数字感知方法（检测方法），对接头热点温度进行在线检测与过热预警；以此为基础，进一步提出其短时过载荷能力（动态载流量）预测方法，为绝缘管母的安全运行与检修决策提供技术支撑。

本书共分为 5 章。第 1 章介绍绝缘管母接头热点温度检测、动态载流量预测的研究意义及国内外研究现状。第 2 章以绕包型接头和屏蔽筒接头为研究对象，分析绝缘管母接头的温度场分布，结合“主热流”路径反演的思路，提出绝缘管母接头热点温度的组合反演思路。第 3 章建立绝缘管母接头热点温度反演模型，提出绝缘管母接头导体接触状态的评价方法。第 4 章搭建绝缘管母接头温升试验平台，在多种工况和环境条件下开展一系列温升试验，对前述热点温度反演模型进行验证。第 5 章提出绝缘管母接头动态载流量预测方法，试验验证在保证热点温度不越限的前提下，预测算法可有效提升绝缘管母的动态载荷能力。

本书提出的绝缘管母接头热点温度反演模型和动态载流量预测方法可为绝缘管母智能运维决策提供有益参考。

研究生李冠男的研究工作为本书内容做出了有益的贡献，在此一并致谢！

限于作者水平，书中难免存在不妥之处，恳请读者批评指正。

作　者

2023 年 9 月于武汉

目　录

第 1 章

绪　论

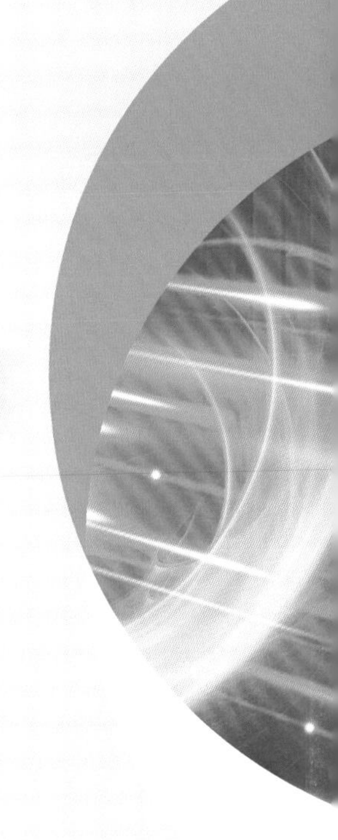

1.1　研究背景及意义

1.1.1　绝缘管母接头热点温度检测的研究背景及意义

随着国民经济的快速增长，企业、居民用电量呈直线上升。据统计，2022 年全年全社会用电量达 8.64 万亿 kW·h，比上年增长 3.6%，2022 年底全国全口径发电装机容量达 25.6 亿 kW，比上年底增长 7.8%[1]，激增的供电需求促使电力系统容量大幅提升，导致变压器低压侧额定电流不断增大。与此同时，小动物或其他异物接触、恶劣环境等造成的变压器低压侧短路故障频发，引发了社会对低压侧汇流母线设备安全性的关注，《国家电网有限公司十八项电网重大反事故措施（2018 年修订版）及编制说明》已明确要求主变低压侧母线应绝缘化[2]。因此，变电站内主变低压侧使用的常规矩形母线、共箱封闭母线及电力电缆已无法适应大容量和绝缘化的需求[3]。在此背景下，一种新型载流设备——绝缘管型母线（简称“绝缘管母”），由于载流量大、绝缘性能好、结构紧凑等优异特性，在电力、石油、冶金和船舶等工业中均得到了日益广泛的应用，并且有取代传统母线的趋势。据不完全统计，仅 2014 年全年，国内各行业使用的绝缘管母总长度接近 20 万 m，年产值已超过 10 亿元人民币[3-4]。在电力系统中，绝缘管母大多用于变压器或发电机的出线侧，作为电能输送的总导线，绝缘管母一旦发生故障，就等同于变压器或发电机发生故障，因此对绝缘管母运行可靠性的要求提高到了与变压器、发电机相同的程度[5]。

国外绝缘管母的发展起步较早，技术成熟，比较知名的母线产品有德国 PBP 绝缘母线产品、瑞士雷兹 SIS 绝缘母线系统以及瑞士莫泽格拉泽公司的 RIP 绝缘管母产品，这些产品在国外已运行超过 40 年，在长期挂网运行中表现稳定、可靠。国内大连第一互感器有限责任公司于 2002 年开始从德国引进技术，2004 年完成型式试验后逐步开始生产干式绝缘管母，随后越来越多的企业开始制造绝缘管母，截至 2023 年底，国内生产绝缘管母的企业已有 300 多家[4]。但由于国内绝缘管母应用起步较晚，最早于 2004 年投入变电站使用[6]，产品质量参差不齐，且直到 2017 年国家能源局和国家电网有限公司才相继正式颁布实施标准《35 kV 及以下固体绝缘管型母线》（DL/T 1658—2016）[7]和《7.2 kV-40.5 kV 绝缘管型母线技术规范》（Q/GDW 11646—2016）[8]，因此长期以来绝缘管母在其生产、安装及运行过程中缺乏统一有效的管理，故障频发。

截至 2019 年，由产品质量、安装工艺、运行环境等因素导致的绝缘管母故障已遍及福建[9-10]、河南[11-12]、山东[3,13-14]、广东[15-21]、新疆[6,22]、重庆[23]、湖北[3,24]、四川[5,25-26]、安徽[27-28]、山西[3]、湖南[29]、陕西[14]等[30-31]10 余个省（区、市）的数十座变电站。仅广东省就发生过数十起相关事故，据统计，2011—2013 年，佛山地区一共发生了 4 起变压器低压侧绝缘管母的绝缘缺陷事故[15]；2013—2016 年，惠州供电局已出现过 6 次主变低压侧绝缘管母绝缘降低的情况[16]；截至 2018 年，珠海地区 14 个使用绝缘管母的变电站中有 7 个变电站出现了异常发热现象，缺陷占比高达 50%[17]；2013—2015 年，广东电网公司内共发生绝缘管母缺陷故障共 35 起，其中 9 起为由绝缘击穿导致的变压器跳闸故障[32]。绝缘管母故障不仅可能直接引发大面积停电，更会造成与其连接的变压器、开关柜等主设备严重受损，对供电安全稳定性及可靠性造成的影响恶劣[3,33]。此外，该类设备一般无通用备品备件，修复周期长。据了解，某发电厂由绝缘管母故障导致停运长达两个月之久，造成了严重的经济损失和极其不良的社会影响[6]。开展有效的状态检测，及时诊断出潜在缺陷，并优化设备运行是提升绝缘管母可靠性的关键。

对文献中 40 余起绝缘管母故障进行统计分析[3,5,6,9-31]，结果如图 1.1 所示，接头和终端是绝缘管母系统的薄弱点，故障占比高达 70%，其诱因主要包括密封不良、接触不良和主绝缘缺陷，其中由接触不良引发的故障超过三分之一，仅次于密封不良引发的故障。

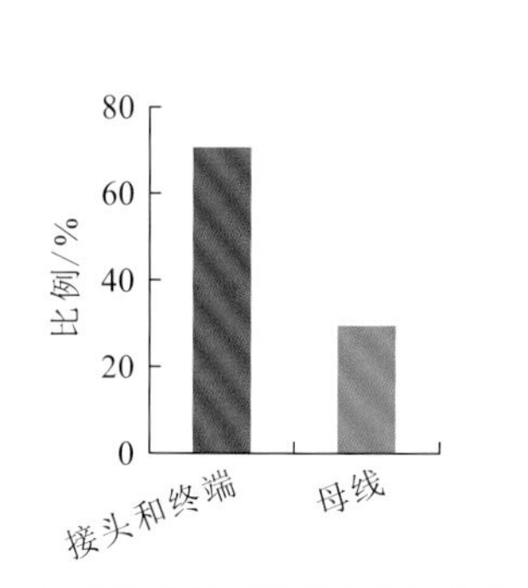

(a) 绝缘管母不同部位的故障比例

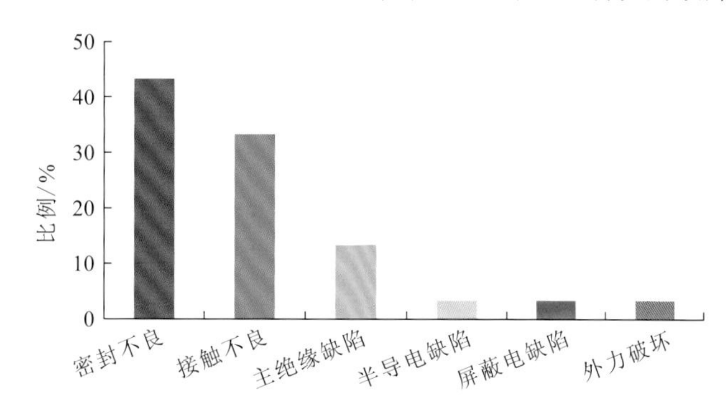

(b) 接头及终端的各种故障诱因比例

图 1.1 绝缘管母故障统计结果

接头接触不良会引发接头过热，温度过高又进一步导致接触电阻变大，从而形成恶性循环，一方面加剧绝缘热老化[34]，降低材料机械强度，另一方面造成接头密封失效，导致潮气侵入而产生局部放电，两者共同作用最终引发绝缘击穿[13,14,35]，如图 1.2 所示。

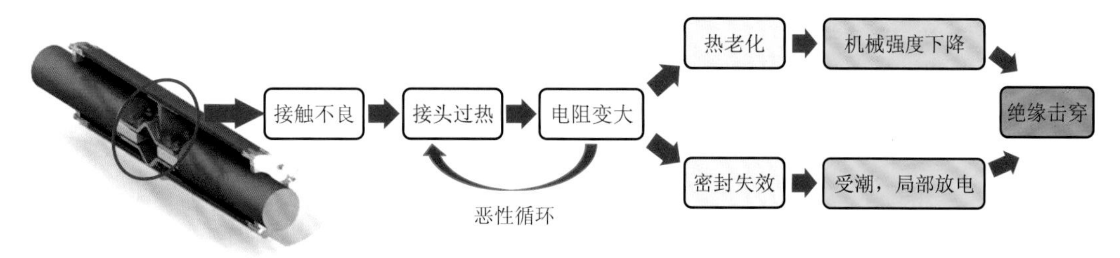

图 1.2 绝缘管母接头过热引起的绝缘击穿

导体包裹在接头内部，且发热程度与电流大小密切相关，具有一定的隐蔽性和潜伏性，传统检测方法存在盲区。因此，深入探究绝缘管母接头内部热点发热状态的感知方法，实时检测接头热点温度，评估导体接触状态，从而实现过热故障提前预警，具有重要的工程应用价值。

1.1.2　绝缘管母接头动态载流量预测的研究意义

当前，电力设备输送容量的不足已成为制约我国电网发展的一大因素，其影响主要体现在以下两方面：①我国电力供需虽总体平衡，但内蒙古西部、河北北部、辽宁、浙江、江西、湖北、海南等地电网在部分时段（尤其在迎峰度夏等用电高峰期）的电力供应依然偏紧，仍需采取有序用电措施[1]，由于规划预期与经济实际难免存在偏差，局部地区的用电“卡脖子”问题将长期存在。②设备互通容量不足造成系统运行方式难以安排，尤其是在事故或检修等 $N-1$ 方式下运行风险大，调度人员难以合理统筹，有可能导致压限负荷，从而大幅降低电网运行的经济性和可靠性[36-37]。

为解决日益突出的电力供需矛盾，迫切需要对输变电设备进行增容，但新建或改造设备受到资金、土地资源、建设工期及环保问题等客观因素的制约[38]，且目前电力负荷峰谷差明显，2017 年北京市和天津市电力负荷峰谷差率分别达到了 47.03%和 40.85%[39]，2019 年广州电力负荷峰谷差率达到了 46.91%。由于电力设备温升具有热惯性，实际载荷能力要远高于日负荷峰值，传统的增容方式将导致电力设备利用率大大降低。因此，如何科学、安全地提高现有电力设备的输送容量，已成为一项紧迫而有价值的研究课题。

通常，电力设备的额定容量是在最恶劣的天气条件下估计的，以此作为电力调度的参考指标往往会低估设备的载流能力[40]。事实上，电力设备最大允许载荷的真正约束在于热点温度限值，其载流量随环境的变化而动态变化，并非常数。动态增容技术[36,41]正是基于上述思想，通过对设备和气象条件的实时监测，在不突破导体温度限值的前提下，计算出电力设备的最大允许载流量，即动态载流量，从而在不改变网架结构的基础上深度挖掘电力设备隐性容量，缓解电力建设压力，成为解决局部电力供应“卡脖子”、系统运行方式难调整、设备利用率偏低等问题的优选方案，具有巨大的潜在经济效益，受到电网公司和相关研究机构的广泛关注[42-61]，其核心问题在于准确预测电力设备的动态载流量。

动态增容技术是一项系统工程。根据“木桶原理”，绝缘管母作为电网潮流的汇聚点，更容易成为限制输送能力的短板和瓶颈，且其一旦出现问题，危害性极大。因此，深入开展绝缘管母接头的动态载流量预测研究，有助于动态增容技术的进一步推广，经济效益显著。

1.2　绝缘管母的结构及工艺

按照行业公认的绝缘工艺类型和材料进行分类，目前绝缘管母主要有环氧树脂浸渍纸绝缘浇注型、聚酯薄膜或聚四氟乙烯带绕包型和聚乙烯、三元乙丙橡胶或硅橡胶绝缘挤包型 3 种绝缘类型，至少 6 种类别的产品[3]，如表 1.1 所示。

表 1.1 绝缘管母主要类型和种类

序号	绝缘类型	品种（绝缘材料及结构）
1	浇注	环氧树脂浇注型纸绝缘
2	绕包	聚四氟乙烯带绕包绝缘
3		聚酯薄膜带绕包绝缘
4	挤包	聚乙烯挤包绝缘
5		三元乙丙橡胶挤包绝缘
6		硅橡胶挤包绝缘

三大种类产品各自结构和生产流程差异明显，各成一派。其中，浇注型产品在中国出现最早，采用的生产技术从欧洲厂家引进；后来，借鉴干式互感器套管或中压单芯绝缘电缆和共箱母线的绝缘结构和生产技术，衍生出绕包型和挤包型两种类型的产品。

1.2.1 浇注型绝缘管母

浇注型绝缘管母本体绝缘主要采用绝缘、半导电电工皱纹纸带缠绕，经环氧树脂真空浸渍，加温固化，形成一体化固体绝缘。将半导电带分层按一定尺寸缠绕主绝缘，形成类似套管中的电容屏结构，达到控制场强分布，减少场强集中的效果，如图 1.3 所示。

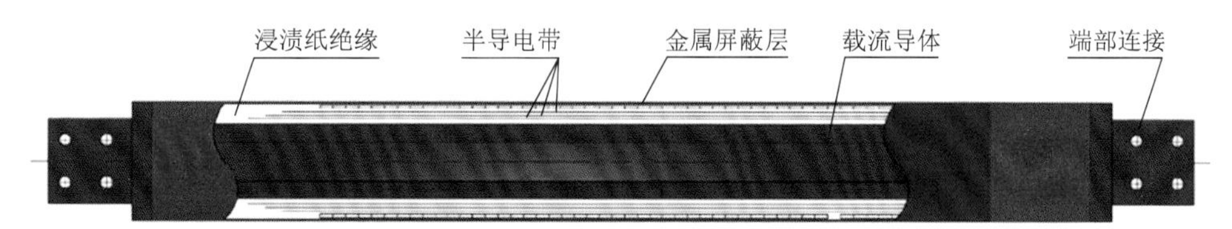

图 1.3 浇注型绝缘管母基本结构

浇注型绝缘管母的中间接头一般采用在导体连接处外罩预制屏蔽筒的形式，屏蔽筒内部同样具有电容屏结构，内屏与导体相连形成等电位，保证导体连接处没有电场，外屏为接地屏，高压场强均由屏蔽筒承担，如图 1.4 所示。

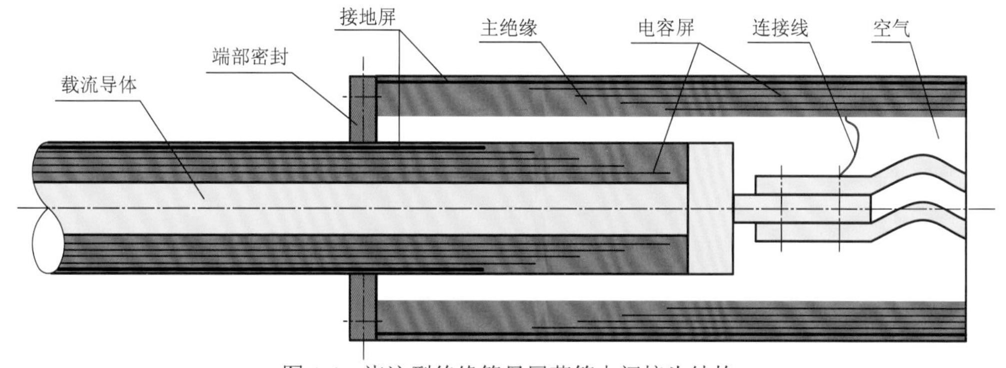

图 1.4 浇注型绝缘管母屏蔽筒中间接头结构

浇注型绝缘管母具有以下优势：①环氧树脂浸渍纸绝缘是一种绝缘纸与环氧树脂的复合绝缘，导体、半导体层和绝缘纸经加温固化后，形成致密、紧实的一体化结构，既具有绝缘纸和环氧树脂的良好绝缘和介电性能，又保持良好的机械特性。已证实该结构形式能有效保证至少 35 kV 电压等级产品不发生内部局部放电。②终端和屏蔽筒的电容屏结构能够有效控制场强，且实现简单，均压结构存在于绝缘内部，均在工厂预制，可靠性较高。③绝缘屏蔽筒保障了设备在连接处依然保持全绝缘性能，提高了安全性。

同时，其绝缘结构和工艺也使得浇注型绝缘管母存在以下技术难点：①环氧材料本身较脆，特别是屏蔽筒，在运输、安装中对防止跌落、撞击的要求较高，同时需要考虑运行中的振动问题，以避免绝缘产生局部缺陷。②电容屏结构必须合理设计，并在生产、安装中确保尺寸，否则可能导致局部场强集中，危害绝缘。③生产浇注型绝缘管母需要大型真空浇注和加温固化设备，因其生产工艺复杂，该结构绝缘管母生产难度较大，成本较高[3]。

1.2.2 绕包型绝缘管母

绕包型绝缘管母的绝缘结构与浇注型绝缘管母类似，其利用聚四氟乙烯带或聚酯薄膜带缠绕，层间涂抹硅油形成主绝缘，主绝缘中缠入多层半导体或导体材料，形成电容屏，均匀场强。

绕包型绝缘管母中间接头存在多种技术方案。

第一种与电缆接头结构类似，是在导体连接处外绕包半导电带，均匀场强，然后在半导电带外缠绕主绝缘层，并恢复接地屏和外护套，结构如图 1.5 所示。

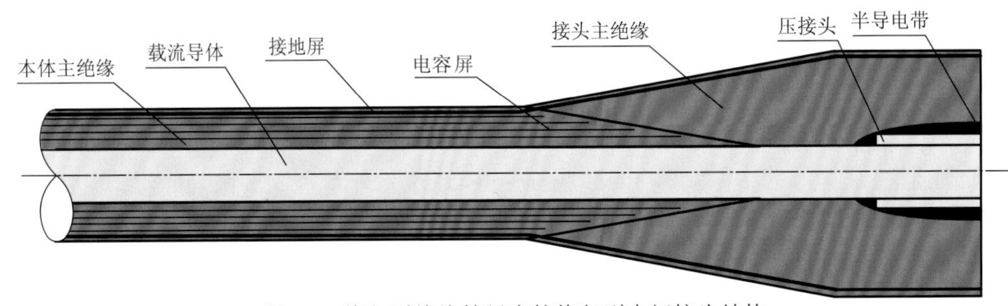

图 1.5　绕包型绝缘管母直接绕包型中间接头结构

第二种是在接头处将导体焊接成与本体等外径的连接结构，然后按照本体的导体屏蔽层、绝缘层、电容屏和接地屏逐层以缠绕方式恢复，并与所连接的两端管母端部结构接续成一个整体的无缝式形式，如图 1.6 所示。

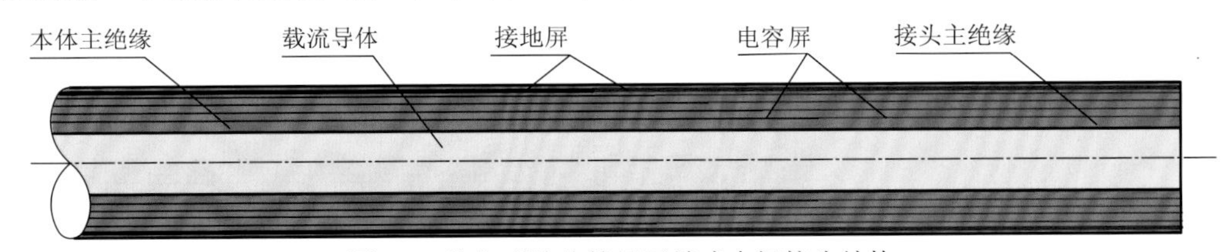

图 1.6　绕包型绝缘管母无缝式中间接头结构

第三种结构与前述屏蔽筒预制接头一样，如图 1.4 所示。

绕包型绝缘管母具有以下优势：①生产工艺简单，流程环节少，产能充足。②现场故障恢复简单，在故障点破开绝缘，逐层缠绕恢复绝缘结构即可。

同时，绕包型绝缘管母也存在以下技术难点：①聚四氟乙烯带或聚酯薄膜带本身性能优异，但其绝缘性能优劣取决于绕包过程中是否形成致密、紧实的多层结构，而且现场安装接头时，更难控制质量。只有通过严密的工艺手段才能保障其性能。绕包不够紧密的产品，绝缘层间容易引入气泡、潮气。另外，压紧力下降后，绝缘性能将严重下降，而且更容易受潮气入侵，引发沿绝缘层间表面的放电。这种情况下，其绝缘强度主要取决于绝缘结构的特性，远低于材料本征击穿强度。②绕包型设备生产起步要求低，大量厂家集中生产该类型产品，导致该类设备质量差异极大。仅有少量厂家采用机械缠绕的方式，并严格控制工艺过程，保障绝缘性能[3]。

1.2.3 挤包型绝缘管母

挤包型绝缘管母与电力电缆几乎完全相同，利用橡塑材料原料呈黏稠的半流体状性质，通过挤包机在导体表面挤出内半导电层、绝缘层和外半导电层。为保证半导电层与导电层结合紧密，采用三层共挤工艺。挤包型绝缘管母与其他绝缘管母最大的不同在于挤包型绝缘管母无法插入电容屏形成均压结构，其接头通过应力锥结构达到均匀场强的效果，这一技术在电力电缆中已得到较长时间应用，挤包型绝缘管母可以直接借用。

挤包型绝缘管母的优势与电力电缆相似：绝缘一体性较好，紧实，技术比较成熟。有电力电缆生产经验的厂家能够顺利转向生产挤包型绝缘管母。

但挤包型绝缘管母的结构特征也使得其设计和生产存在如下难点：①绝缘管母为增大载流量，需扩大管径，此时，挤包时必须避免重力造成的绝缘偏心，这在绝缘尺寸整体半径增大的条件下工艺难度更大，必须更为准确地控制整个挤包圆周上的温度和挤包速度均匀性。②挤包型绝缘管母的弯管段成型是其生产中的难点。先弯金属管后挤包，受现今的技术水平和设备限制，尚未有厂家实现。先挤包后弯管会使已成型的绝缘受拉伸和挤压，拉伸会减薄绝缘而挤压可能导致气隙产生，一方面会使管母弯曲半径受很大限制，另一方面会降低材料的机械性能[3]。

1.3 国内外研究现状

1.3.1 绝缘管母运行状态的带电检测方法

绝缘管母虽然在国外已有 30 多年的运行历史，但相关研究的文献报道极少。自从引入我国后，国内学者对绝缘管母开展了大量研究工作。目前，绝缘管母运行状态的带电检测方法包括局部放电检测、红外成像检测、护套环流检测及紫外成像检测。

1. 局部放电检测

局部放电检测[14]是绝缘管母运行状态评价最常用的手段，主要包括高频电流法、超声波检测法和特高频检测法[23,62-63]。

高频电流法[5]通过测量接地引下线上的高频电流来检测局部放电信号，是最为常规的一种局部放电检测方法。文献[20]采用高频电流法检测到某绝缘管母内部存在局部放电，解体发现故障原因为雨水通过铜屏蔽层渗入屏蔽层与避雷器引出线位置，引起热缩套表面爬电。文献[64]采用高频电流法检测出了某绝缘管母的局部放电，通过解体发现，该故障是由金属屏蔽层将半导电层划伤破损所致。

超声波检测法[9]是对局部放电产生的超声波信号进行检测，该信号从局部放电点通过绝缘层向外表传播，通过声发射传感器可以将声信号转换为电信号。文献[62]采用高频电流法和超声波检测法联合诊断出某 35 kV 绝缘管母中间接头局部放电，对故障接头进行解体，发现是由接头受潮进水引起的局部放电。

局部放电的脉冲电流能激发高达数吉赫兹的电磁波，在接头处电磁波存在泄漏，特高频检测法[9]就是通过天线检测这一电磁波来获取局部放电信号。文献[23]采用上述三种局部放电检测方法进行联合诊断，发现了屏蔽筒接头内部由螺栓和屏蔽筒接触不良造成的悬浮电位放电。

2. 红外成像检测

红外成像检测是通过红外热像仪对绝缘管母表面温度进行测量，可以反映出明显的局部过热缺陷。文献[18]检测到某 10 kV 绝缘管母终端局部发热缺陷，主要原因是金属连接工艺不良，导致接触部位电阻过大，引起过热。文献[5]和文献[64]采用红外热像仪检测到某 35 kV 绝缘管母的过热缺陷，其缺陷原因为半导电材料在运行中出现破损与电气性能劣化，导致局部场强集中，引起半导电层发热。文献[28]检测到某 10 kV 绝缘管母本体的局部过热，其缺陷原因为金属屏蔽与主绝缘之间存在明显气隙，导致该处产生强烈的局部放电，引发局部过热。文献[10]检测到某 10 kV 绝缘管母中间接头的过热缺陷，经检查发现是由绝缘铜端部密封不严导致潮气进入接头内部，引发放电，造成局部发热。

3. 护套环流检测

当外护套产生破损构成多点接地时，接地引下线上会产生较大的环流，可通过测量接地电流判断外护套是否破损[5]。

4. 紫外成像检测

紫外成像检测[5,17,64]是通过接收绝缘管母表面放电时产生的紫外光子，达到确定电晕位置和强度的目的。文献[17]采用紫外成像检测诊断出某 10 kV 绝缘管母与避雷器连接处发生的表面放电。该方法仅对检测表面放电是有效的，不适用于检测内部缺陷情况。

1.3.2 中间接头热点温度检测方法

目前尚无绝缘管母中间接头热点温度检测方面的文献报道，但与其结构相似的电力电缆接头温度检测研究较多。中间接头热点温度检测方法包括植入式热点测温和非植入式热点测温两大类。

1. 植入式热点测温

植入式热点测温技术是将温度传感器直接植入中间接头内部进行测温，包括内置式光纤测温和内置式无线测温。

（1）内置式光纤测温。

内置式光纤测温[65-66]是在电缆制造时，将测温光纤预置于电缆分割导体内，以准确测量电缆导体的实际运行温度。但该方法工艺复杂，且不适用于已投运的电缆回路，此外，内置式的测温方法也带来了潜在的安全隐患。

（2）内置式无线测温。

内置式无线测温[67-71]由内置测温单元、外置测温中继单元组成，其中内置测温单元置于接头导体处，直接测量接头导体运行温度，并通过无线通信方式将温度信号传输到外置测温中继单元。但该方法仅适用于已投运回路，且传感器长期经受高温，难以保证其在接头全寿命周期内的稳定运行。

2. 非植入式热点测温

中间接头热点温度的非植入式热点测温是通过外部可测温度和电流等信息对内部热点温度进行间接计算，从而实现对接头内部热点温度的“无损检测”，包括热路模型法、数值计算法和试验数据挖掘法。

（1）热路模型法。

热路模型法是将中间接头的温度场等效为热阻/热容网络，进而对热点温度进行实时计算。

Nakamura 等[72]采用热阻/热容等效网络分析了隧道式交联聚乙烯（crosslinked polyethylene，XLPE）电缆接头的暂态导体温度变化，在电缆及接头的轴向方向上布置了 7 个表面温度测点，利用温度和电流的测量数据实现缆芯温度的计算，并通过试验对方法进行了验证。

Bragatto 等[73]通过热阻/热容等效网络分析了排管式 XLPE 电缆接头的导体温升，并通过试验验证了分析方法的有效性。但该模型以管道表面温度作为输入，而管道和电缆之间的密封空气被当作恒定热阻来进行分析，热阻值是由电缆厂家提供的，但实际上密闭空气的传热属于对流-辐射复合传热，其等效热阻是非线性的，并非常数，且该热阻与结构和温度具有强相关性，在实际中难以应用。

仝子靖等[74]建立了一维热路模型计算环网柜 T 型电缆接头导体温度，但电缆接头除径向传热外还存在着轴向传热，故采用一维热路模型存在一定的理论缺陷。

（2）数值计算法。

随着计算机的发展，不少学者均采用数值分析的手段对中间接头的温度场进行了仿真，但绝大部分研究仅限于稳态分析，用于确定电缆接头的载流量，而非接头热点温度的实时在线监测[75-82]。目前，仅刘超等[83]开展了电缆接头的暂态温度场有限元仿真，并考虑了接触电阻的影响，热点温升曲线的仿真值与实测值吻合较好，但实验中接头的接触电阻是通过实测得到的，对于实际运行的接头而言，接触电阻是未知参数，故该方法存在局限性。

（3）试验数据挖掘法。

试验数据挖掘法是通过对中间接头开展温升试验获取接头导体温度和其他可测温度，进而建立起外部可测温度与内部导体温度之间的关系。

韩筱慧等[76,84]建立了中间接头线芯暂态温度计算的 BP（back propagation algorithm，误差逆传播算法）网络模型，以冷缩预制件表面温度测量值和对应的线芯电流作为输入量、线芯暂态温度作为输出量，使用试验中的测量数据作为 BP 神经网络进行训练。

肖微等[85]采用广义回归神经网络对电缆接头的温度进行了预测，将左电缆护套温度、右电缆护套温度、左电缆表面温度、右电缆表面温度、环境温度和电缆电流作为输入量，接头导体温度作为输出量，以 756 组数据作为训练样本对 25 组测试样本进行了预测，预测效果良好。

高云鹏等[86]建立了电缆接头的简化热路模型，通过公式推导发现金属护套的温升与缆芯的温升成正比，通过试验得到该比例系数，进而通过检测金属护套温升实现缆芯温度的计算。

仝子靖等[87]采用 RBF（radial basis function，径向基函数）人工神经网络预测环网柜 T 型电缆接头的导体温度，模型输入量为接头表面温度、电缆表面温度、环境温度和电缆电流。

1.3.3 电力设备动态载流量预测方法

动态载流量预测是指根据电力设备温升特性及周围实时环境确定未来的最大允许载流量。其研究基础是实时、快速的导体温度计算，核心问题在于如何量化电力设备与环境的换热量，以及如何对未来动态载流量进行超前预测。下面将主要从以上三个方面综述动态载流量预测的研究现状。

1. 实时导体温度计算模型

环境的时变性与应急负荷的突变性要求动态载流量的预测必须是实时而快速的，动态增容中常用的实时导体温度计算方法主要包括解析法和热路模型法，虽然数值计算法精度更高，但其耗时长，无法满足实时性要求，因此在动态载流量的预测中并未被采用。

（1）解析法。

解析法通常用于结构最为简单的架空输电线路，可将导体视为一个等温的节点，这样不需要考虑温度的空间分布，直接列写热平衡方程。根据是否考虑动态过程，热平衡方程可分为稳态热平衡方程和暂态热平衡方程[36]。

当电流和周围环境温度稳定在一定数值时，吸热和散热功率达到平衡，此时导线满足稳态热平衡方程：

$$I^2R(T)+q_s=q_c+q_r \tag{1.1}$$

式中，I 为导线电流，A；q_c 和 q_r 分别为导线与空气的对流热流密度和辐射热流密度，W/m^2；q_s 为导线吸收太阳辐射的热流密度，W/m^2；$R(T)$为导体温度为 T 时的导线单位长度电阻，Ω。由式（1.1）可知，当给定导线最大允许温度 T_m 时，导线的最大载流量 I_d 可以通过式（1.2）获得：

$$I_d=\sqrt{\frac{q_c+q_r-q_s}{R(T_m)}} \tag{1.2}$$

稳态热平衡方程由于计算简便在动态增容中得到了大量应用，但实际的负荷和环境都是时刻变化的，且导体的温升也需要时间，尤其在应急负荷下，导体的温升暂态过程更为重要，此时必须采用暂态热平衡方程：

$$\frac{dT}{dt}=\frac{I^2R(T)+q_s-q_c-q_r}{mc} \tag{1.3}$$

式中，m 为单位长度导线的质量，kg；c 为导线比热容，J/（kg·K）。

由于空气对流热流密度 q_c 和辐射热流密度 q_r 均为温度 T 的函数，式（1.3）是一个非线性微分方程，通常采用龙格-库塔（Runge-Kutta）公式求解。与稳态热平衡方程不同，考虑暂态过程时的动态载流量不具有严格意义上的解析解，需要通过迭代或反复试凑的方法来确定动态载流量。

（2）热路模型法。

热路模型法广泛应用于电力电缆的动态载流量预测中[88]，根据温度场与电场的相似性，将热流和温度分别类比为电流和电压，将传热学问题转化为热路模型，物理意义清晰，计算大为简化。

对于结构简单的电缆本体部分，采用 IEC 60853-2：1989[89]推荐的π型暂态热路可以保证较高的精度和计算效率。土壤热路模型较为复杂，标准中仅给出了其稳态的等效热阻，事实上，在暂态情况下土壤的等效热阻是时变的[90]，其表达式是指数积分函数形式，这给导体温度的实时计算带来了一定困难。为此，Olsen 等[91-92]提出将土壤进行均匀分层，每层采用π型等效热路，得到了较为满意的结果，但是其分层数量多达 100 层，无疑影响了计算的效率。Marc 等[93]在此基础上进一步提出了土壤的非均匀分层方法，令靠近电缆的土壤层较薄，而远离电缆的土壤层厚度逐渐增加，经过优化后，只需 5 层即可得到很高的精度，计算效率也有了明显提升。其后，Jonathan 等[94]又提出根据土壤等温线进行土壤分层，这种分层方式适用于不同的电缆布置方式，使土壤热路模型的物理意义更加明确，精度也有所提高。

2. 环境换热的量化模型

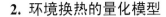

在建立实时导体温度计算模型后，如何准确量化设备与环境的热交换就成了问题的关键。根据所需的输入量类型，环境换热的量化模型可分为气象模型和表面温度模型，前者仅以气象要素作为输入量，通过经验公式或物理模型来确定环境换热量，后者则通过设备表面温度信息来反映环境的热交换。

（1）气象模型。

对于以空气为散热介质的架空线路来说，气象模型通过监测导线周围的环境温度、太阳辐射强度、风速等数据，进一步计算出方程（1.2）和方程（1.3）中 q_c、q_r 和 q_s，以确定动态载流量。

其中，q_r 和 q_s 的计算公式如下：

$$q_r = \varepsilon\sigma(T^4 - T_e^4) \tag{1.4}$$

$$q_s = \alpha q_{sun} \tag{1.5}$$

式中，T_e 为环境等效辐射温度，K；σ 为斯特藩-玻尔兹曼常量，约为 $5.67\times10^{-8}\,\mathrm{W\cdot m^{-2}\cdot K^{-4}}$；$\varepsilon$ 为导线表面发射率，取决于导线金属型号及导线老化和氧化的程度，对光亮新线取 0.23～0.43，对旧线或涂黑色防腐剂的导线取 0.9～0.95；q_{sun} 为日照辐射强度，$\mathrm{W/m^2}$；α 为导线表面的吸收系数，可近似认为与 ε 数值相等[36]。

q_c 为导线与空气的对流热流密度，由于对流传热机制极其复杂，仅能采用经验公式进行近似处理，常用的经验公式包括 IEEE 738—2006 标准公式、Morgan（摩根）公式以及 CIGRE（Conference International des Grands Reseaux Electriques，国际大电网会议）标准公式。

IEEE 738—2006 标准公式对空气对流换热的处理最为详细，考虑了无风时导线的自然对流换热以及风速不同时的情况[95]。当遇到无风的情况时，其计算结果最准确。

当风速较小时，直径为 D 的导线对流热流密度计算公式为

$$q_{c1} = \left[1.01 + 0.0372\left(\frac{D\rho v}{\upsilon}\right)^{0.52}\right]\lambda K_{angle}(T - T_\infty) \tag{1.6}$$

式中，ρ、λ 和 υ 分别为空气的密度、热导率以及运动黏度，单位分别为 $\mathrm{kg/m^3}$、W/（m·K）和 Pa·s；v 为风速，m/s；T_∞ 为环境温度，K；K_{angle} 为风向角系数，计算公式如下：

$$K_{angle} = 1.194 - \cos\varphi + 0.194\cos 2\varphi + 0.368\sin 2\varphi \tag{1.7}$$

式中，φ 为风向与导线轴向夹角，（°）。

当风速较大时，直径为 D 的导线对流热流密度计算公式为

$$q_{c2} = 0.0119\left(\frac{D\rho v}{\mu}\right)^{0.6}\lambda K_{angle}(T - T_\infty) \tag{1.8}$$

当无风时，直径为 D 的导线对流热流密度计算公式为

$$q_{c3} = 0.0205\rho^{0.5}D^{0.75}(T - T_\infty)^{1.25} \tag{1.9}$$

最终的对流热流密度 q_c 取上述三者中的最小值，即

$$q_c = \min(q_{c1}, q_{c2}, q_{c3}) \tag{1.10}$$

Morgan 公式于 1968 年提出[96]，《电力工程电气设计手册：电气一次部分》中的载流

量计算就是参考该公式，该公式如下：

$$q_c = \pi\lambda(T - T_\infty)[A + B(\sin\varphi)^n]F\left(\frac{vD}{\mu}\right)^u \tag{1.11}$$

式中，A、B、n 为常数，当 $0<\varphi<24°$ 时，$A=0.42$，$B=0.68$，$n=1.08$；当 $24°\leqslant\varphi\leqslant 90°$ 时，$A=0.42$，$B=0.58$，$n=0.9$；F 和 u 也是常数，其大小与导线形状及雷诺数 Re 有关，具体取值参考文献[97]。

CIGRE 标准公式中推荐的对流热流密度计算公式如下[98]：

$$q_c = \pi\lambda(T - T_\infty)Nu \tag{1.12}$$

式中，Nu 为努塞特数，是对流热流密度计算的关键，当无风时，Nu 计算公式如下：

$$Nu = a(Gr \cdot Pr)^m \tag{1.13}$$

式中，Gr 和 Pr 分别为格拉斯霍夫数和普朗特数，a 和 m 是与 Gr 和 Pr 乘积相关的常数。其中

$$Gr = \frac{2D^3(T - T_\infty)g\rho^2}{(T + T_\infty)\mu^2} \tag{1.14}$$

$$Pr = \mu c / \lambda \tag{1.15}$$

g 为重力加速度，约等于 10 m/s^2。式（1.13）中 a 与 m 的取值如表 1.2 所示。

表 1.2　式（1.13）中 a 与 m 的取值

$Gr \cdot Pr$ 范围	a	m
$(10^{-1},10^2]$	1.02	0.148
$(10^2,10^4]$	0.85	0.188
$(10^4,10^7]$	0.48	0.250
$(10^7,10^{12}]$	0.125	0.333

在有风的情况下，Nu 计算公式如下：

$$Nu = [A + B(\sin\varphi)^n]b\left(\frac{vD\rho}{\mu}\right)^{u_0} \tag{1.16}$$

式中，A、B、n 的取值与 Morgan 公式中完全一致；b 和 u_0 与雷诺数和导线形状相关，取值如表 1.3 所示，其中 R_s 表征绞线表面的粗糙程度，等于 $d/[2(D-d)]$，d 为绞线最外层导线的直径，m。

表 1.3　式（1.16）中 b 与 u_0 的取值

雷诺数 Re 范围	R_s 范围	b	u_0
(100,2 650]	(0,1)	0.641	0.471
(2 650,50 000]	(0,0.05]	0.178	0.633
(2 650,50 000]	(0.05,1]	0.048	0.800

对流散热过程极为复杂而经验公式精度又有限，此外，风速和风向的快速变化也无法准确测量，因此气象模型的计算误差通常较大，而且现有仪器对低风速测量误差较大，

而低风速时导线温度容易达到限值，对于线路运行是很危险的。同时，对于日照强度的测量也存在很大的难度，计算时还要考虑所处纬度和日照角度的变化，这样会带来很大的计算误差[36]。

对于以土壤为散热介质的埋地电缆来说，影响其散热性能最关键的气象要素是降雨量，降雨量一方面决定了土壤的含水量分布，进而改变了土壤热参数，另一方面也会引起土壤温度的局部降低，两者均会对电缆导体的温度产生影响。

Antonio 等[99]建立了土壤中水分的迁移动力学模型，以降雨量为输入量计算土壤的水分分布，然后利用经验公式计算土壤的热导率和热扩散率，但该模型未能考虑雨水对土壤的降温作用。

气象模型本质上是通过物理模型建立各气象要素与环境热交换的关系，具有明确的物理意义，在气象要素可测且传热机制简单的条件下具有较好的适用性。但实际的气象环境难以准确、全面地获取和描述，且各气象要素与设备之间的热交换关系极其复杂，经验公式无法有效量化，而要建立精确的物理模型计算又无法满足实时性要求，因此气象模型具有一定的局限性。

（2）表面温度模型。

设备的表面温度事实上包含了部分环境信息，表面温度模型就是基于上述思想，通过测量设备表面的温度，进而间接确定环境换热量。

为消除对流换热误差对架空线路载流量计算的影响，国内学者利用对流换热系数估算导线的对流热流密度 q_c[36]。该模型是在气象模型的基础上增加了导线的导体温度测点，利用导体温度 T 对对流热流密度 q_c 进行修正。

采用表面温度模型时，稳态热平衡方程如下：

$$I^2R(T)+q_s=h(t)(T-T_\infty)+q_r \tag{1.17}$$

式中，$h(t)$为 t 时刻的对流换热系数，结合式（1.17）和导线温度测量值可以求得

$$h(t)=\frac{I^2R(T)+q_s-q_r}{T-T_\infty} \tag{1.18}$$

假设式（1.18）中计算得到的 $h(t)$与表面温度达到限值时的对流换热系数 $h_{T_m}(t)$近似相等，则当前的动态载流量估算值为

$$I_d=\sqrt{\frac{h(t)(T_m-T_\infty)+q_r-q_s}{R(T_m)}} \tag{1.19}$$

利用表面温度模型确定架空线路的对流换热系数，避免了风速、风向的测量，计算量小，监测方便，但该方法仍然无法消除太阳辐射的计算误差，而该误差又会引起 $h(t)$的误差增大，进而导致载流量计算误差增大。

基于类似的思想，刘刚等[59,100]将架空导线的传热等效为热路模型，采用等效环境热阻 R_x 来表征风速、风向及辐射对导线温度的影响，在不考虑太阳辐射的情况下，可以得到导线的暂态热路方程：

$$I^2R(T)=mc\frac{\mathrm{d}T}{\mathrm{d}t}+\frac{T-T_\infty}{R_x} \tag{1.20}$$

则等效环境热阻 R_x 可表示为

$$R_x = \frac{T - T_\infty}{I^2 R(T) - mc\dfrac{\mathrm{d}T}{\mathrm{d}t}} \tag{1.21}$$

通过监测导线表面温度、环境温度及电流可以实时确定等效环境热阻 R_x，进而根据式（1.19）计算出动态载流量 I_d。但该方法与前述对流换热系数法一样，忽略了太阳辐射的影响，会引入较大的误差。

在电缆动态载流量预测中，环境换热因素主要体现在土壤参数上，土壤的热参数受含水量、土壤成分和温度等影响，具有较大的不确定性和时变性，可通过测量电缆表面温度对土壤热参数进行辨识。

Anders 等[101]利用电缆表面温度、环境温度和电流辨识了稳态下土壤的热导率，但计算公式中土壤的湿度量难以获取，且假定土壤热参数在 24 h 内不变，与实际也存在偏差。

Li 等[102]利用分布式光纤测温获取直埋电缆表面温度，采用梯度下降优化算法和有限元法对土壤热参数进行辨识，同时假定土壤热导率与热扩散系数成负幂函数关系，将双变量优化问题简化成单变量优化问题。

牛海清等[103]将电缆表面温度的有限元计算值与实测值对比，以两者误差最小为目标，采用粒子群算法对土壤的热导率和比热容进行优化辨识。

实际上，土壤热参数具有时变性，上述方法均为稳态辨识方法，无法实现土壤热参数的实时辨识。为此，Olsen 等[92]提出了基于电缆表面温度的土壤热参数实时辨识模型，采用暂态热路模型实时计算表面温度，并与分布式光纤测温结果对比，如果两者存在较大差异，则调整土壤的热参数，直到偏差小于设定值。

Marc 等[93]将电缆温升过程视为一个动态过程，利用电缆表面温度测量结果和扩展卡尔曼滤波算法实时估计土壤的热参数，实现了土壤热参数的快速辨识。

3. 动态载流量的超前预测模型

根据前述的导体温度计算及环境换热量化模型可以计算当前的动态载流量，在此基础上通过历史数据挖掘或气象预报，则可进一步实现对未来动态载流量的超前预测，有利于合理安排运行方式和调度管理，对提高系统的可靠性和灵活性具有重要意义[104]。

未来动态载流量的超前预测方法可分为两类：一类是基于纯历史数据，采用时间序列分析或人工智能算法挖掘数据变化规律，对未来的动态载流量进行预测，由于天气具有随机性和不确定性，这类方法常用于 1～2 h 内的短期预测[49,105-108]；另一类是结合数值天气预报提供的信息进行预测，可实现较长时间尺度上的动态载流量预测，时长通常在 24 h 及以上[41,53,109-112]。

（1）历史数据分析法。

任丽佳等[113-114]采用基于奇异值分解的混沌时间序列沃尔泰拉法（Volterra method）对一条 110 kV 架空线路动态载流量进行了预测，模型输入量为 3 h 前的载流量，输出量为 80 min 后的载流量，利用前三天的历史数据作为训练样本，对后两天的动态载流量进行了预测，结果显示具有较高精度。随后，该团队又先后利用径向基神经网络[41]和埃尔曼神经网络[108]预测了未来的气象参数和负荷，再基于热平衡方程对架空线路的动态载流量进行了小时级的预测。

张斌等[50,115]基于优化组合核极限学习机对历史气象数据进行统计并预测，将结果用于架空线路的稳态热平衡方程，并建立了动态载流量的概率预测模型。

付善强等[49,109]针对架空线路动态载流量在时间上的关联特性，首先基于分位点回归方法以历史 1 h 的微气象和载流量对未来 1 h 内每 15 min 的载流量分布进行了预测，然后基于 t-Copula 函数构建未来 1 h 内 4 个时段载流量的动态相依模型，实现了载流量的多时段联合概率密度预测，缩小了动态载流量预测结果的分布区间。

宋长城[116]采用引入注意力机制的循环神经网络，对架空线路所在的气象要素进行超前预测，进一步根据稳态热平衡方程，预测了其动态载流量。

Fan 等[105]基于自回归条件异方差模型和向量自回归模型预测了未来 30 min 的气温、风速、风向等数据，并结合架空线路的稳态热平衡方程，预测了不同置信区间下的动态载流量。针对上述模型无法处理暂态载流量的问题，该团队又基于自回归条件异方差模型预测了架空线路微气象分布[107]，进而预测架空导线在特定允许温升时间（10 min）下的动态载流量概率分布。

Zhan 等[106]基于多项式回归及累积式自回归积分滑动平均时间序列模型实现了小时级的架空线路动态载流量预测。

Teh 等[117]利用自回归滑动平均模型预测了未来的风速，结合架空线路的稳态热平衡方程实现小时级的动态载流量预测。

Sajad 等[118]在传统时间序列分析的基础上，采用 Ornstein-Uhlenbeck（奥恩斯坦-乌伦贝克）过程考虑气象因素的影响，提高了架空线路动态载流量的预测精度。

在电缆的动态载流量预测方面，意大利那不勒斯帕斯诺普大学 B. Antonio 等人[99]通过支持向量回归机预测未来的上层土壤温度、降雨量以及负载，在此基础上采用热-扩散动力学模型获取未来的土壤底部温度、热导率及热扩散系数，并结合暂态热路模型实现动态载流量的预测。

（2）数值天气预报法。

国家电网电力科学研究院[53]、重庆大学[110]、山东大学[109]的学者先后利用气象数值预报输出未来 24～36 h 的环境要素，并结合架空线路稳态热平衡方程预测未来的动态载流量。

德国[111]、美国[112]等地学者也均利用气象数值预报获取环境信息，预测了未来 18～24 h 的架空线路动态载流量。

法国[119]和意大利[99]的学者结合了历史数据分析法和数值天气预报法的优点，将历史气象数据和数值天气预报预测数据共同作为模型输入量，对动态载流量进行了预测。

1.3.4 现有研究存在的不足

1. 绝缘管母运行状态的带电检测方法

现有绝缘管母运行状态的带电检测手段以局部放电检测和红外成像检测为主，前者通过局部放电这一电气特征量，能较好地识别出主绝缘缺陷，后者则利用表面温度的分布特征，能发现明显的局部过热缺陷，两者相辅相成，在实际应用中取得了较好的效果。但红外成像检测法目前仍存在如下不足：①红外成像检测只能检测表面温度，无法获取接头内部的导体温度，尤其当中间接头绝缘较厚或存在大风、降雨等情况时，表面温升可能较小，例如，当内部热点温度达到 75℃左右时，屏蔽筒表面温度仅约 40℃，此时仅通过表面温度就无法判断内部导体的实际发热情况。②红外成像检测准确度受设备表面发射率及环境条件的影响很大，例如，当绝缘管母在太阳光照射下，红外成像仪还会接收到直接入射或经背景反射或散射的太阳辐射，可引起设备产生 10～15 K 的附加温升；有时，被测目标附近的大面积高温背景辐射（如运行中的主变压器、日照后的大面积墙壁等），以及局部强辐射（大功率照明设备），都能严重影响红外热像仪测温的准确性[120]。③由于成本问题，红外热像仪测温大都采用周期性巡检方式，无法获取绝缘管母全寿命周期的运行状态，存在一定安全隐患。④接触不良引发的过热缺陷与电流大小息息相关，仅通过表面测温无法对其接触状态进行有效评估。

2. 中间接头热点温度检测方法

植入式热点测温技术可实现对接头导体温度的直接测量，具有最高的测温精度，但将传感器放置于高电位导体处容易引入安全隐患，国内某隧道电缆就曾因内置光纤引发大面积火灾，后果十分严重。且传感器位于热点处，长期经受高温，其可靠性难以保证，一旦传感器出现故障，检修难度很大。此外，该方法要求在接头安装时完成，无法用于大量已投运的设备。

非植入式热点测温技术不破坏设备结构，通过外部可测温度反映内部导体温度，具有明显的技术优势。热路模型法和数值计算法均需要精确的热源（接触电阻）和边界条件（表面温度或换热量），但接触电阻本身就是未知参数，需要进行评估和诊断，而表面换热量又难以准确获取，表面测温则易受环境影响。此外，热路模型法应用在复杂模型时精度较低，且仅适用于热传导模型；数值计算法虽然精度较高，但瞬态计算量非常大，难以满足实时、快速温度检测的要求。而试验数据挖掘法需要事先在接头内置温度探头，并开展温升试验，但内置了温度探头的设备不能再投入电网运行，因而限制了该方法的推广应用。

由于接触电阻具有不确定性，非植入式热点测温本质上属于温度场的反问题，而现有研究均是采用正问题的求解思路进行热点温度计算，这从方法论的角度而言存在理论缺陷，有必要从反问题的角度重新审视这一问题，寻求热点温度的反演方法。

3. 电力设备动态载流量预测方法

电力设备的载流量瓶颈点在于热点，对于输配电线路而言，热点通常出现在导体连接处，而目前的动态载流量研究均只针对线路本体，忽视了中间接头，很可能导致预报载流量高于实际线路载流量，造成安全隐患。相比于本体，中间接头的结构更为复杂，并非简单的二维平面模型，且其内部的接触电阻具有很大的不确定性，直接照搬现有的分析方法难以实现其动态载流量的有效预测，因此亟须研究中间接头的动态

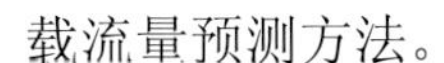

载流量预测方法。

在环境换热的量化方面，气象模型旨在利用监测的气象数据为温度计算提供边界条件，但局部微气象要素的测量通常具有较大的不确定性，且设备表面与外界环境的相互作用极其复杂，环境换热难以用气象信息准确量化。此外，设备与周围物质的热交换还与敷设环境息息相关，仅已知气象要素无法为温度场计算提供完整的边界条件。表面温度模型通过设备表面温度挖掘环境换热信息，对于以土壤为环境介质的直埋电缆而言具有较好的适用性，但由于该模型忽略了太阳辐射的吸热作用，难以应用于户外运行的电力设备。

在动态载流量的超前预测方面，目前绝大多数研究都是基于稳态热平衡方程，实际上环境和负载都是时刻变化的，尤其在应急调度中，不考虑温升的暂态过程会导致预测载流量显著偏低。此外，目前几乎没有关于动态载流量预测算法试验验证的文献报道，相关的温升试验也只是验证了导体温度计算的有效性[92,100,102]，导体温度计算仅是动态载流量预测的基础，两者不能画等号，因此导体温度计算的试验验证并不足以说明动态载流量预测的准确性。

1.4 本书内容概要

根据国内外研究现状，针对目前绝缘管母接头热点温度检测方面的不足，本书从反问题的角度出发，将温度场的三维空间分布反演问题降维成点与点之间的一维路径反演问题，以热流为桥梁，构造出了本体径向反演和导体轴向反演的路径，首先利用本体特征点处的表面温度计算对应的导体温度，然后根据径向反演得到的本体特征点导体温度估算接头热点温度，实现热点温度组合反演。利用温度场仿真分析对反演模型进行了优化与修正，并开展了不同工况下的绝缘管母接头大电流温升试验，在负荷波动、环境变化和接触电阻未知的条件下，热点温度反演值与试验值均吻合良好，有力验证了所提方法的准确性。在此基础上，进一步提出了绝缘管母接头的动态载流量预测方法，从管母本体表面温度中提取环境信息，利用时间序列分析法预测短期环境变化，综合导体暂态温升特性，实现绝缘管母接头的动态载流量滚动预测，最后设计并开展了动态载流量试验，对预测算法进行了改进与验证。

本书的章节及内容安排如下。

第 1 章阐述绝缘管母接头热点温度检测与动态载流量预测的研究背景及意义，介绍了绝缘管母的结构及优势和技术难点，对国内外在绝缘管母运行状态的带电检测、中间接头热点温度检测和电力设备动态载流量预测等方面的研究现状进行了综述，并指出现有研究存在的不足，引出本书的研究内容。

第 2 章介绍温度场的正问题和反问题，分析绝缘管母接头传热的计算原理，重点针对绕包型接头和屏蔽筒接头开展了温度场仿真，分析两种接头的温度场分布规律，发现两种接头虽然传热机制存在较大差异，但温度场和导体热流的分布具有显著的相似性，结合“主热流”路径反演思想，提出绝缘管母接头热点温度的组合反演方法。

第 3 章详细阐述绝缘管母接头热点温度反演模型的建立过程，首先以结构较为简单的绕包型接头为例，分析轴向反演函数的拟合形式、拟合样本集、特征点位置及数量对模型精度和鲁棒性的影响，确定导体轴向温度反演模型，随后介绍本体径向温度反演模型，重点分析热流误差和表面温度测量误差的影响，并对模型进行适应性的改进。在此基础上，分析屏蔽筒接头与绕包型接头的主要差异，进而对轴向反演函数进行了修正，建立了屏蔽筒接头热点温度反演模型，并采用三维暂态温度场仿真模拟接头温升试验，对反演算法的精度进行了初步验证，最后提出绝缘管母接头导体接触状态的评价方法。

第 4 章在实验室开展绝缘管母接头温升试验，首先验证本体径向温度反演的准确性，间接说明隔热层在表面测温中的作用，随后对接头热点温度组合反演算法的精度和鲁棒性进行充分验证，分析环境因素、负荷波动、接触电阻等诸多因素对反演算法的影响，有力地支撑本书所提的反演理论。

第 5 章以温度反演方法为基础，提出绝缘管母接头动态载流量预测方法，将接头温度场简化为一阶热路模型，利用温度场仿真和热点温度反演算法对关键参数进行辨识，利用本体表面温度和电流提取环境信息，采用时间序列分析法预测未来短时环境变化，实现绝缘管母接头动态载流量的滚动预测。最后设计并开展动态载流量试验，分析所提方法的有效性。

本书的主要研究内容如图 1.7 所示，整个研究分为三步：第一步，进行温度场正问题的求解，即已知全部热源及边界条件，计算绝缘管母接头的温度场分布，并分析绕包型接头和屏蔽筒接头的温度分布特点，寻找两者的共性规律，引出后续热点温度反演的

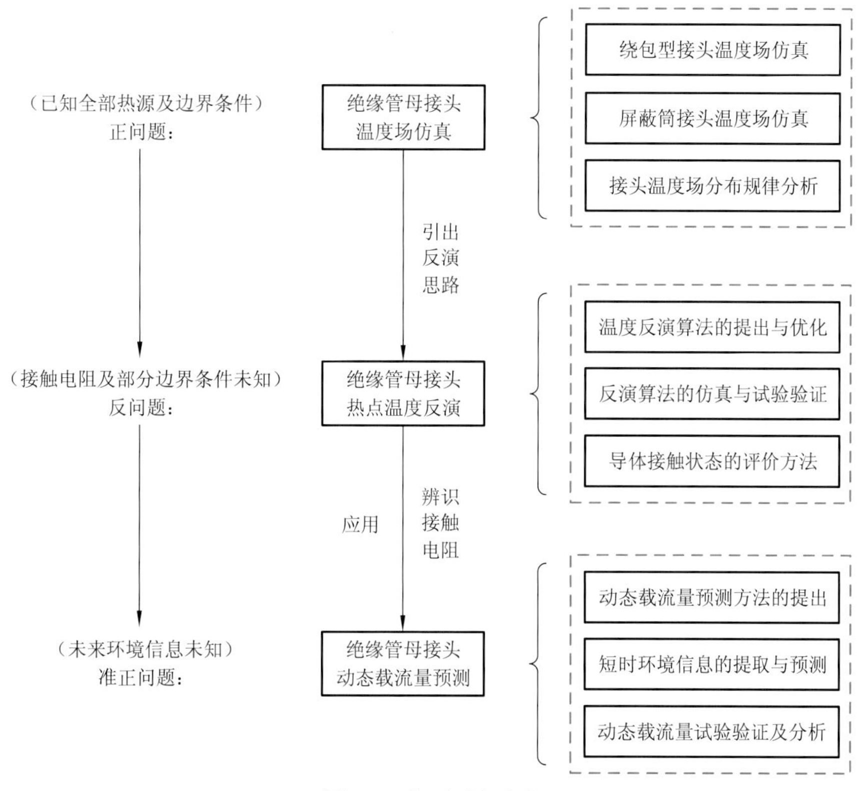

图 1.7　主要研究内容

思路，也为反演算法的实现提供基础。第二步，考虑到实际绝缘管母接头的接触电阻及部分边界条件是未知的，属于典型的温度场反问题，进行温度场反问题的求解，提出并优化绝缘管母接头的热点温度反演算法，进一步通过温度场仿真和温升试验来验证算法的准确性，在此基础上对接头导体的接触状态进行评价。第三步，提出绝缘管母接头的动态载流量预测方法，通过热点温度反演算法辨识出模型中的关键热阻参数，进一步从本体表面温度和电流中提取环境信息，并对未来短时环境开展时间序列预测，从而实现动态载流量的滚动预测，最后设计并开展动态载流量的试验，对所提方法进行改进和验证。由于接触电阻可通过温度反演算法辨识得到，主要未知信息是未来短时的环境变化，因而动态载流量的预测又可称为温度场准正问题。

第 2 章

绝缘管母接头温度场的正问题求解与反演基本思路

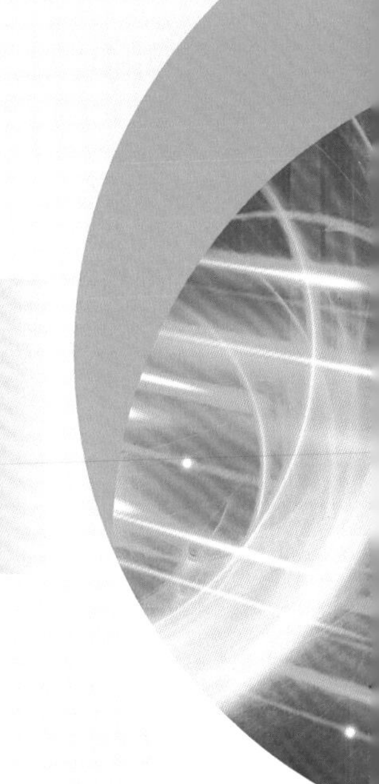

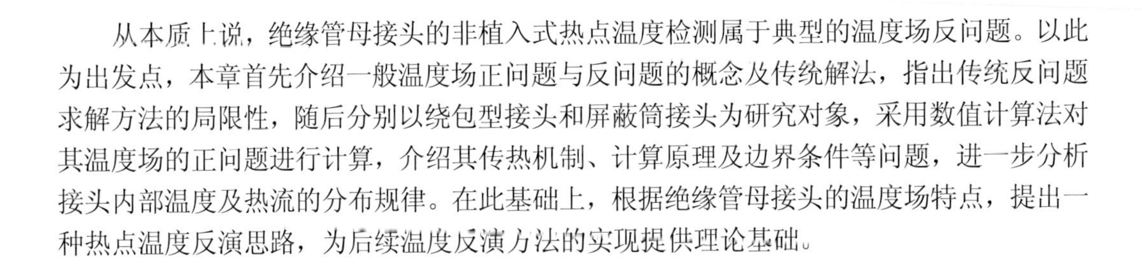

从本质上说，绝缘管母接头的非植入式热点温度检测属于典型的温度场反问题。以此为出发点，本章首先介绍一般温度场正问题与反问题的概念及传统解法，指出传统反问题求解方法的局限性，随后分别以绕包型接头和屏蔽筒接头为研究对象，采用数值计算法对其温度场的正问题进行计算，介绍其传热机制、计算原理及边界条件等问题，进一步分析接头内部温度及热流的分布规律。在此基础上，根据绝缘管母接头的温度场特点，提出一种热点温度反演思路，为后续温度反演方法的实现提供理论基础。

2.1 温度场的正问题与反问题

温度场正问题是指，在本构关系、边界条件、初始条件及源项等定解条件均已知的情况下，对温度场进行求解。正问题是适定的，具有唯一解。反之，若定解条件中至少存在一个未知或不确定项，要对温度场进行求解，则该问题称为温度场反问题，或温度反演问题。温度场反问题是一类典型的不适定问题，其不适定性主要表现在两方面：一是温度反演的输入信息往往是不完备或者过量的，从而导致其解的不唯一或者不存在严格意义上的解；二是温度反演的解对输入信息不具有连续依赖性，即输入信息中固有的观测误差在反演过程中可能被显著地放大，以致反演的解不稳定[121]。

在实际绝缘管母接头的非植入式热点温度检测中，本体导体发热由电流决定，是已知的，但接头导体压接处的接触电阻是不确定的，即部分源项未知；管母表面与周围环境存在着复杂的热交换，难以准确量化，而表面测温又受环境的影响，精度有限，且测量点无法覆盖表面各点，即部分边界条件未知。在这种大量定解条件未知的情况下需要确定接头内的导体温度，这显然属于典型的温度场反问题，需要寻找合适的温度反演方法对其进行求解。

为了弥补反问题中定解条件的部分缺失，通常需要在场域中或边界上设置若干测温点，传统的温度场反问题解法是利用某种优化算法不断更新未知的定解条件，并将其代入温度场正问题中进行计算，以测点温度的计算值与实测值偏差最小为优化目标，对未知条件进行估算[122-124]。上述求解方法通常适用于稳态、未知参数单一且时不变的问题，目前大都停留在理论层面，而实际绝缘管母接头热点温度检测涉及暂态问题和多个未知的定解条件（接触电阻、边界条件等)。更为重要的是，传统的反问题求解需要进行温度场反复迭代，导致反问题的计算量远大于相应的正问题，尤其对于复杂的热传系统，其计算量更是相当大，很难满足温度实时检测的要求。因此，传统的温度反演解法无法直接应用于绝缘管母接头的热点温度检测。

传统的温度反演解法可理解为一种“通解”，适用于几乎一切的温度场反问题，更偏向于理论研究，但在实际工程中受制于测量误差和实时性要求，具有较大的局限性。而对于某一特定的电力设备而言，其温度场分布具有自身的特点，如何根据其问题的特殊性，提出适用于该设备温度反演的某种特定解法，即寻找一种“特解”，从而满足工程要求，这便是本书所要解决的问题。为此，首先需要对绝缘管母接头的温度场正问题进行求解，然后分析其温度分布特点，最后在此基础上提出相应的热点温度反演思路。

2.2　绝缘管母接头传热的计算原理

热传导、热对流和热辐射是热量传递的三种基本方式。实际的热量传递过程很少以简单的某种单一传热方式进行，而是伴随着两种甚至三种传热方式。例如，在绝缘管母接头的温度场中，绕包型接头属于固体绝缘，内部传热方式为热传导，而屏蔽筒接头中存在大量空气，径向传热包括热对流和热辐射，而在管母表面与外界环境之间又同时存在着热对流和热辐射，如图 2.1 所示。下面分述各种传热的计算原理。

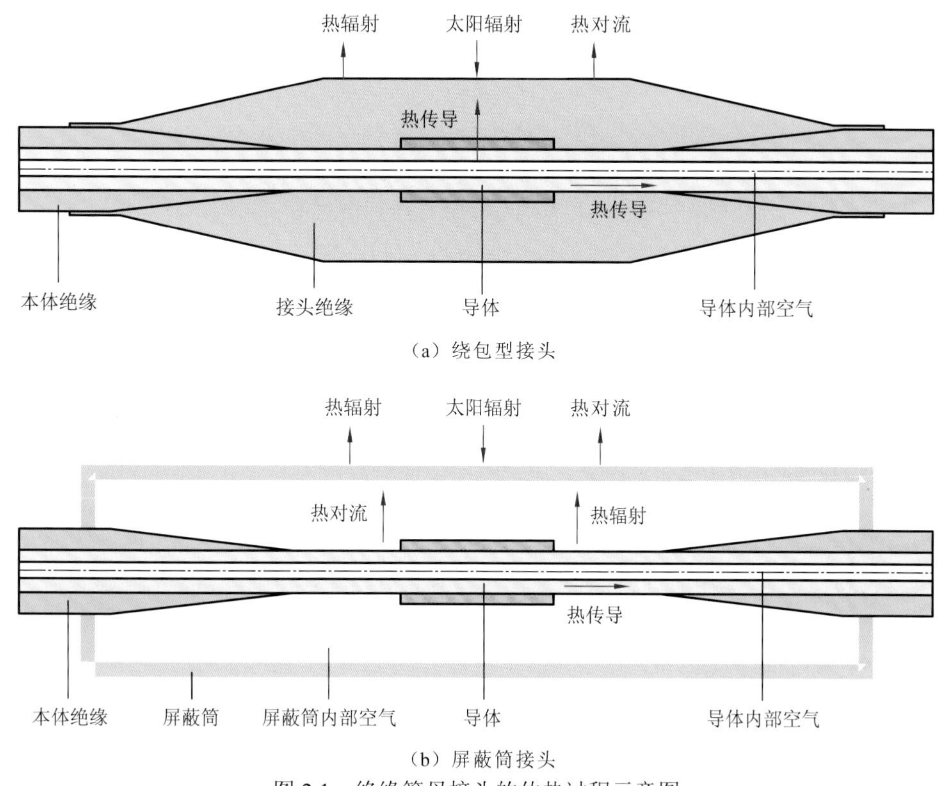

(a) 绕包型接头

(b) 屏蔽筒接头

图 2.1　绝缘管母接头的传热过程示意图

2.2.1　热传导

物体各部分之间不发生相对位移时，依靠分子、原子以及自由电子等微观粒子的热运动而产生的热能传递称为热传导，简称导热。

从微观角度来看，气体、液体、导电固体与非导电固体的导热机理是不同的。气体中，导热是气体分子不规则热运动时相互碰撞的结果，气体的温度越高，其分子动能越大，不同能量水平的分子相互碰撞，致使热量从高温处传到低温处。导电固体中存在相当多的自由电子，它们在晶格之间像气体分子那样运动，称为电子气，自由电子的运动在导电固体导热中起着主要作用。在非导电固体中，导热是通过晶格结构的振动，即原

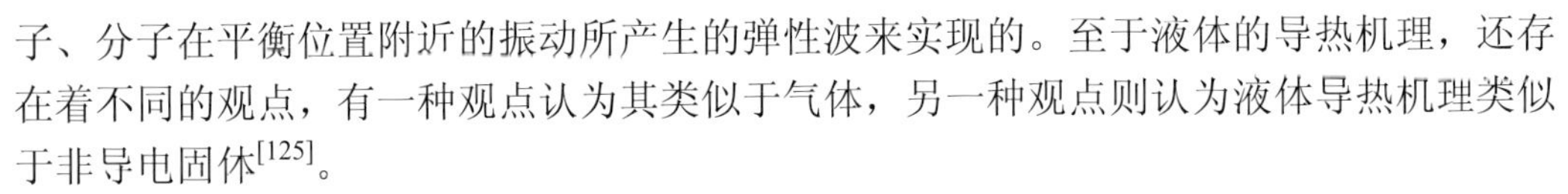

子、分子在平衡位置附近的振动所产生的弹性波来实现的。至于液体的导热机理，还存在着不同的观点，有一种观点认为其类似于气体，另一种观点则认为液体导热机理类似于非导电固体[125]。

根据傅里叶热传导定律，热流密度的大小与温度的负梯度成正比：

$$q=-\lambda\frac{\partial T}{\partial n} \tag{2.1}$$

式中，q 为热流密度，W/m^2，表示单位时间内流过单位面积的热流量；λ 为热导率，W/（m·K）。

基于傅里叶热传导定律和能量守恒定律，可以建立热传导问题的控制方程，当热物性参数为常数时，控制方程如下[125]：

$$\frac{\partial T}{\partial t}=\frac{\lambda}{\rho c}\nabla^2 T+\frac{G}{\rho c} \tag{2.2}$$

式中，t 和 G 分别为时间和单位时间单位体积的热生成率，单位分别为 s 和 J/m^3；c 为比热容，J/（kg·K）；ρ为密度，kg/m^3；∇^2 代表拉普拉斯算子。

在工程中通常采用数值计算法进行热传导问题的求解，其中最常用的方法是有限元法，其基本思想是用有限个单元将计算域离散化，通过对单元作分片插值，来获得每个单元温度节点的场函数，再基于能量方程或加权余量法获取节点温度的代数方程组，进而求出温度场的离散解。

2.2.2 热对流

热对流是指温度不同的各部分流体直接发生宏观相对运动而引起的热量传递过程。在热对流过程中，流体各部分之间发生相对位移，冷、热流体相互混合，从而引起了热量传递。热对流仅发生在流体中，由于流体中的分子同时进行着不规则的热运动，因而热对流必然伴随着热传导。

当流体流过一个固体表面时，由于流体具有黏性，附着于固体表面很薄的一层流体是静止的，在离开固体表面的法向上，流体速度逐渐增加到来流速度，这一层很薄、流速很小的流体称为边界层。在边界层内，流体与固体表面之间的热量传递是边界层外层的热对流和边界层底层的热传导两种基本传热方式共同作用的结果，这种传热现象称为对流换热。

按流动起因的不同，对流换热可分为自然对流换热和强迫对流换热两种，前者是由于温差引起流体不同部分密度不同而自然产生上下运动的对流换热，后者则是流体在外力推动作用下流动所引起的对流换热。

根据流动状态的不同，黏性流体的流态分为层流和湍流。层流时流体微团沿着主流方向作有规则的分层流动，而湍流时流体各部分之间发生剧烈的混合，具有强烈的暂态性和非线性，使得与湍流三维时间相关的全部细节无法用解析的方法精确描述，为此研究者引入了湍流模型进行近似处理。在纯自然对流的问题中，通常采用瑞利数 Ra 来判断区域是层流还是湍流：若 $Ra<10^8$，则为层流；若 $Ra>10^{10}$，则为湍流；介于两者之间的为过渡区[126]。在计算中若判断为层流，则不需要采用湍流模型，可大大减少计算时间。

热对流问题的求解主要依赖于计算流体动力学模型的建立，而流体场内散热介质流动以及传热的数学模型主要基于三大定律，即质量守恒定律、动量守恒定律和能量守恒定律，下面分述如下[127]：

质量守恒定律表明，质量既不能产生也不能消失，对于流体微团，流出微团的净质量应等于微团内部减少的质量，因此流体的质量守恒方程又称为连续性方程，其微分形式如下：

$$\nabla \cdot \rho \boldsymbol{v} + \frac{\partial \rho}{\partial t} = 0 \tag{2.3}$$

式中，$\boldsymbol{v}$ 为流速矢量，m/s；$\nabla \cdot$ 为哈密顿算子对矢量的点乘，表示矢量的散度。

动量守恒定律表明，一个流体微团动量的时间变化率等于作用在该微团上的净力，且沿净力的方向变化。流体的动量守恒方程又称为纳维-斯托克斯（Navier-Stokes）方程，自然对流的空气可近似为不可压缩流体，其动量守恒方程为

$$\rho\left(\frac{\partial \boldsymbol{v}}{\partial t} + (\boldsymbol{v} \cdot \nabla)\boldsymbol{v}\right) = \boldsymbol{f} - \nabla P + \upsilon \nabla^2 \boldsymbol{v} \tag{2.4}$$

式中，P 为压强，Pa；υ 为运动黏度，Pa·s；$\boldsymbol{f}$ 为单位体积流体受到的外力，$\mathrm{N/m^3}$，若只考虑重力，则 $\boldsymbol{f}=\rho \boldsymbol{g}$，$\boldsymbol{g}$ 为重力加速度，约等于 $10\ \mathrm{m/s^2}$。

能量守恒定律表明，流体微团内能量的变化率等于进入微团的净热流量加上体积力和表面力对微团做的功，在空气自然对流中可忽略黏性耗散。流体能量守恒方程为

$$\frac{\partial T}{\partial t} + \boldsymbol{v} \cdot \nabla T = \frac{\lambda}{\rho c}\nabla^2 T + \frac{G}{\rho c} \tag{2.5}$$

热对流的仿真通常采用有限体积法，该方法是基于有限差分法发展而来的，并同时引入了有限元法中网格离散、边界处理等方法，其基本思想是将求解域离散为有限个互不重叠的控制体积，保证每个控制体积内部都有一个节点，将微分控制方程对每一个控制体积进行积分离散，推导出基于单元节点变量的线性方程组并加以计算求解。有限体积法中网格节点和积分控制体积相互独立，有限体积法求解的是积分形式的守恒方程组，不要求计算域内处处连续；而有限元法中网格与节点相互联系，其微分控制方程要求计算域内处处连续。相比于有限元法，有限体积法在求解流体温度场中具有明显优势[128]。

2.2.3 热辐射

电磁场理论指出：带电粒子在原子或分子内振动可产生电磁波的发射和吸收。受热物体中带电粒子作热运动时具有加速度，而且有不同的运动频率，因而发射出不同波长的电磁波，这种现象就是热辐射。电磁波的波长在 0.3～1 000 μm，分为可见光及红外线两部分。热辐射的电磁波是物体内部微观粒子的热运动状态改变时激发出来的，只要物体温度高于“绝对零度”，物体总是不断把热能变为辐射能，向外发出热辐射。同时物体也不断吸收周围物体投射到其表面上的热辐射，并把辐射能重新变为热能[125]。

物体热辐射的能力与材料和表面状态关系密切，在相同温度下辐射能力最强的物体

称为黑体。为定量表述物体表面的热辐射能量，引入辐射力的概念，即单位时间内单位表面积向其上的半球空间所有方向辐射出去的全部波长范围内的能量，记为 E，单位为 W/m^2。黑体的辐射力 E_b 与热力学温度 T(K)的关系由斯特藩-玻尔兹曼定律确定：

$$E_b = \sigma T^4 \tag{2.6}$$

式中，σ 为斯特藩-玻尔兹曼常量，约为 $5.67 \times 10^{-8}\, W \cdot m^{-2} \cdot K^{-4}$。实际物体辐射力 E 总是小于同温度下的黑体辐射力 E_b，两者之比称为发射率 ε：

$$\varepsilon = E / E_b \tag{2.7}$$

因此，实际物体的辐射力可以表示成：

$$E = \sigma \varepsilon T^4 \tag{2.8}$$

这是实际物体辐射换热计算的基础，其中物体发射率一般通过实验测定，仅取决于物体自身，与周围环境条件无关。

实际物体的表面发射率通常不是一个常数，会随着温度、波长和发射方向而变化，在实际计算中通常会假设物体表面是漫射灰体，其中漫射表示物体的辐射能量与方向无关，灰体表明辐射能与波长无关，从而极大简化分析。

当热辐射的能量投射到物体表面上时，和可见光一样，也会发生吸收、反射和穿透现象，被吸收、反射的能量占总能量的比例分别称为吸收比 α 、反射比 β 。辐射能进入固体和液体表面后在一个极短的距离内就被吸收完了，因此满足下式：

$$\alpha + \beta = 1 \tag{2.9}$$

因此只要已知吸收比α，就可以得到反射比β。与发射率 ε 不同，物体的吸收比α与自身表面温度无关，而取决于辐射源的温度，例如房顶对太阳辐射的吸收比α为 0.6，而对周围物体的辐射吸收比α为 0.9[129]。

基尔霍夫定律（Kirchhoff's law）指出，任意物体对黑体投入辐射的吸收比等于同温度下的发射率：

$$\alpha(T) = \varepsilon(T) \tag{2.10}$$

结合式（2.9）和式（2.10）可知，只要知道了发射率、吸收比或反射比中任意一个参量，就可导出同温度下的其余两个量，通常采用发射率 ε 来表达物体的辐射特性。

热辐射的数值计算方法包括区域法、蒙特卡罗法、离散坐标法和离散传递法等[130]，其中由 F. C. Lockwood 和 N. G. Shah[131]提出的离散传递法兼有区域法、蒙特卡罗法和离散坐标法的优点，得到了广泛应用。其核心思想是以边界网格面作为辐射的吸收和发射源，将边界网格面向半球空间发射的辐射离散成有限个能束，这些能束到达其他边界面，在各边界网格面上进出的辐射达到平衡，最终确定各个面的换热量。

2.2.4 边界条件

温度场控制方程是描述热传递过程共性的数学物理方程，称为泛定方程。必须附加一定条件才能完全确定其具体的温度分布，这样的条件称为定解条件，其中，表示初始情况的附加条件称为初始条件，表示在边界上受到约束的条件则称为边界条件。初始条件较为简单，即已知的某时刻物体的温度分布，而边界条件通常包括以下五类。

（1）温度边界条件。

该类边界条件给出了边界上的温度值，一般形式为

$$T\big|_{\Gamma}=T_0(t) \tag{2.11}$$

式中，Γ 为求解域边界；$T_0(t)$为已知的随时间 t 变化的边界温度。

（2）热流密度边界条件。

该类边界条件给出了场域边界的法向热流密度，根据傅里叶热传导定律有

$$-\lambda\frac{\partial T}{\partial n}\Big|_{\Gamma}=q(t) \tag{2.12}$$

当法向热流密度恒为零时，该边界条件又称为绝热边界条件。

（3）对流换热边界条件。

该类边界条件给出了边界上物体与周围流体间的对流换热系数 h 以及环境温度 T_∞，根据牛顿冷却定律有

$$-\lambda\frac{\partial T}{\partial n}\Big|_{\Gamma}=h(T-T_\infty) \tag{2.13}$$

（4）热辐射边界条件。

如果物体边界与 T_e 的外界环境只发生热辐射，则满足热辐射边界条件：

$$-\lambda\frac{\partial T}{\partial n}\Big|_{\Gamma}=\varepsilon\sigma(T^4-T_e^4) \tag{2.14}$$

（5）复合边界条件。

实际物体可能同时受到多种边界条件作用，最典型的情况就是放在户外的物体，一方面与周围空气存在对流换热，另一方面受到太阳辐射的影响，相当于在其边界上施加了热流密度 q_s。此外，与周围物体还存在辐射换热。此时满足如下复合边界条件：

$$-\lambda\frac{\partial T}{\partial n}\Big|_{\Gamma}=\varepsilon\sigma(T^4-T_e^4)+h(T-T_\infty)-q_s \tag{2.15}$$

2.3　绕包型接头温度场仿真

2.3.1　热传导计算的小模型验证

根据前述分析，绕包型接头内的温度场以热传导为传热方式，本书采用有限元法进行仿真，首先建立具有解析解的小模型，验证有限元仿真方法的准确性。

考察一个内外半径分别为 r_1 和 r_2 的无限长圆筒壁，其内外表面温度分别维持均匀恒定的温度 T_1 和 T_2，通过求解导热微分方程可得距离轴心为 r 处的温度为[125]：

$$T(r)=T_1+\frac{T_2-T_1}{\ln\frac{r_2}{r_1}}\ln\frac{r}{r_1} \tag{2.16}$$

假设 $r_1=0.01$ m，$r_2=0.03$ m，$T_1=75$ ℃，$T_2=25$ ℃，采用有限元法建立二维轴对称模型进行计算，温度场分布云图如图 2.2 所示，温度随轴心距 r 的变化如图 2.3 所示，解析解和有限元解完全重合，说明了有限元热传导仿真方法的准确性。

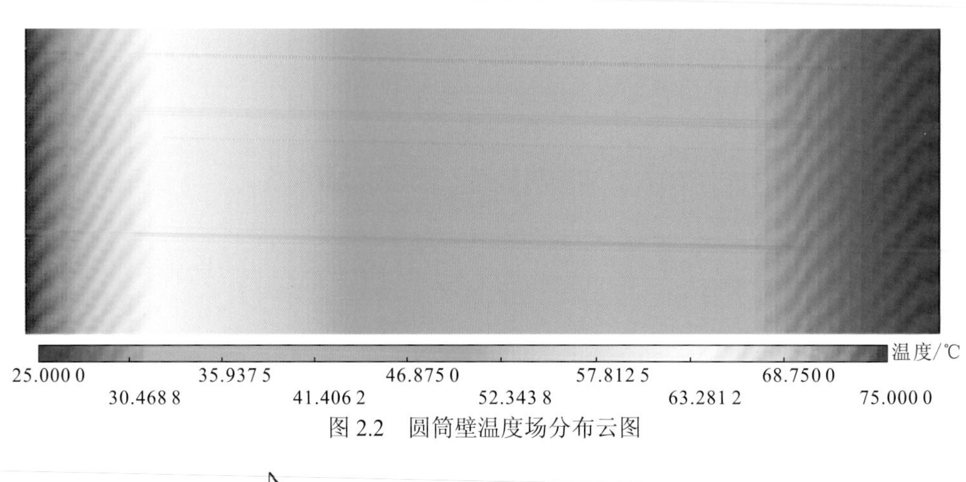

图 2.2　圆筒壁温度场分布云图

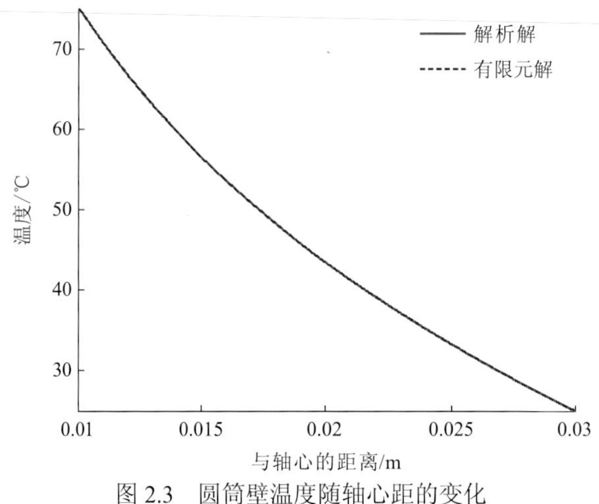

图 2.3　圆筒壁温度随轴心距的变化

2.3.2　计算模型与材料参数

绝缘管母本体及绕包型接头的横剖面结构如图 2.4 所示，该型号母线的额定电流为 1 250 A，其本体外径约 80.2 mm，接头外径约 100 mm。本体结构由内至外依次为：空心导体、主绝缘层、主绝缘密封层、金属屏蔽层、外密封层、外防护层。其中，空心导体材料为铜，又称为铜管导体，外径为 60 mm，厚度为 4 mm；主绝缘层厚度为 5 mm，材料为聚四氟乙烯，主绝缘层中还带有电容屏，厚度非常小（每层约 0.01 mm，共 9 层）；金属屏蔽层材料为铝箔；主绝缘密封层、外密封层、外防护层均采用交联聚乙烯烃材料。

中间接头结构由内至外依次为铜管导体、铜抱箍、不锈钢抱箍、内屏蔽层、内密封层、主绝缘层、金属屏蔽层、外防护层。其中，铜抱箍内径为 60 mm，外径为 70 mm，长度为 140 mm。铜抱箍外套有不锈钢抱箍，不锈钢抱箍内径为 70 mm，外径为 76 mm，长度为 120 mm。内屏蔽层、内密封层均采用 XLPE 材料，绝缘管母本体及绕包型接头的几何及热力学参数如表 2.1 所示[89,129,132,133]，其中体积比热容为密度与比热容的乘积。

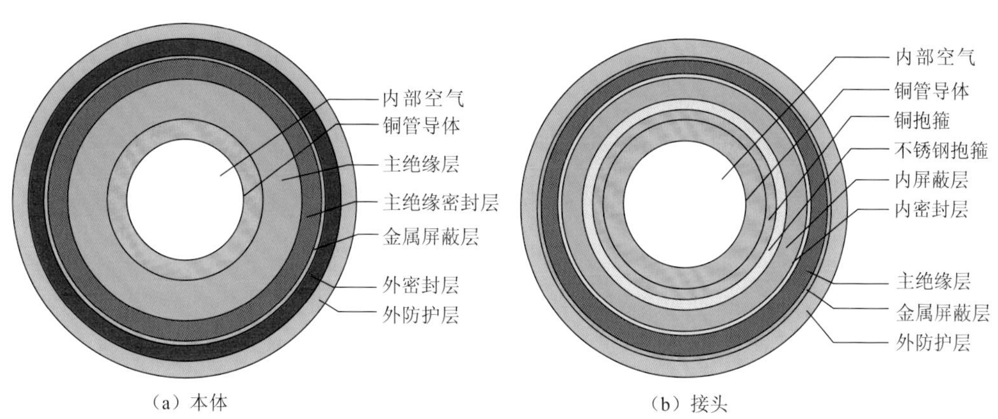

（a）本体　　（b）接头

图 2.4　绝缘管母本体及绕包型接头的横剖面结构

表 2.1　绝缘管母本体及绕包型接头几何及热力学参数

结构	厚度/mm	热导率/[W/（m·K）]	体积比热容/[kJ/（m^3·K）]
内部空气	26	0.026	1.298
铜管导体	4	383	3 466.7
铜抱箍	5	383	3 466.7
不锈钢抱箍	3	16	3 965
内屏蔽层	0.3	0.286	2 400
内密封层	1.8	0.286	2 400
主绝缘层	5	0.259	2 289
主绝缘密封层	1.5	0.286	2 400
金属屏蔽层	0.3	218	2 455
外密封层	1.5	0.286	2 400
外防护层	1.8	0.286	2 400

根据上述参数建立接头的有限元模型，为了简化模型，作出以下假定和处理：

①构成绝缘管母的各层材料几何参数和热力学参数恒定，忽略温度对材料参数的影响。②各层材料厚度均匀，忽略实际制造可能产生的材料厚度误差。③主绝缘层中带有电容屏，由于其厚度极小，忽略其对温度的影响，模型中未建立电容屏。④铜管导体的存在，使母线内部存在一定空气，但由于空气热导率和比热容均极低，不建立空气层，认为铜管内部与空气交界处绝热。后续章节将对该绝热边界条件的合理性开展讨论。考虑到绝缘管母结构具有良好的对称性，建立二维轴对称的有限元模型，如图 2.5 所示。

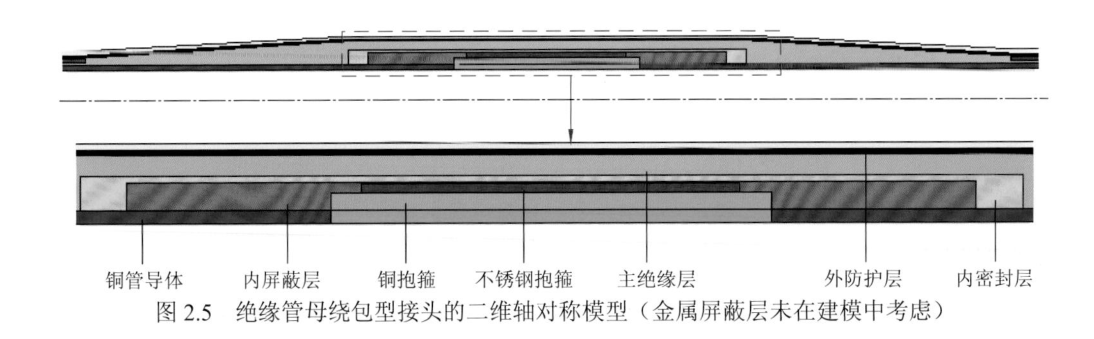

图 2.5　绝缘管母绕包型接头的二维轴对称模型（金属屏蔽层未在建模中考虑）

2.3.3　边界条件与热源加载

热源由电流在导体上的焦耳热产生，根据电阻的不同，热源可分为本体导体发热以及接头压接处导体发热两部分，如图 2.6 所示，其中本体铜管内外半径分别为 r_1 和 r_2，连接处外半径为 r_3。

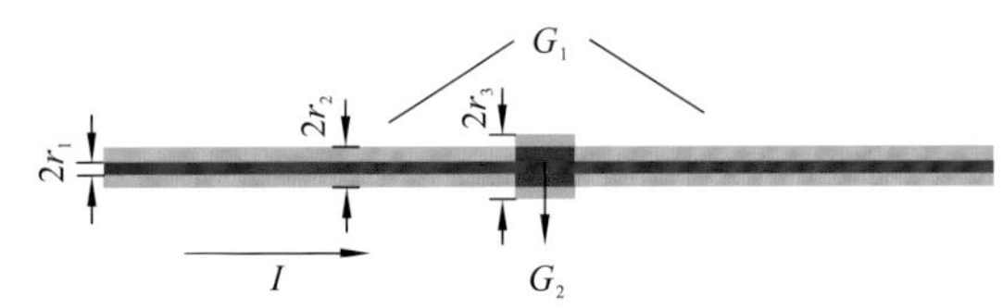

图 2.6　绕包型接头热源加载示意图

其中，假设铜电阻率为 ρ_c，则本体的热源计算公式如下：

$$G_1=\frac{W_1}{V_1}=\frac{I^2\times\rho_c l/S}{Sl}=\frac{I^2\times\rho_c}{\pi^2\times(r_2{}^2-r_1^2)^2} \tag{2.17}$$

式中，W_1 为导体发热功率，W；V_1 为本体的母线体积，m^3；l、S 分别为导体的长度和截面积，单位分别为 m 和 m^2。

接头压接处存在接触电阻，从严格意义上说，接触电阻部分的热源只存在于导体接触面上，但由于导体热导率极高，在压接部分区域可近似为等温体，因此可以将接触电阻对应的热源等效地均分到压接体上，则其等效热生成率可采用如下公式计算：

$$G_2=\frac{W_2}{V_2}=\frac{I^2\times\rho_j}{\pi^2\times(r_3{}^2-r_2{}^2)^2} \tag{2.18}$$

式中，ρ_j 为压接体的等效电阻率，可设置为铜电阻率 ρ_c 的 k 倍，k 称为接触电阻系数，$k=1$ 表示接触电阻为零；V_2 为接头压接处的母线体积，m^3。

由此可计算出 $G_1=0.035\,3I^2$，$G_2=0.005\,9kI^2$。在下面的仿真中，若不加说明则假定 $k=9$，$I=1\,250$ A。

对于施加在绝缘管母上的边界条件，根据位置不同，具体可分为以下几类：

（1）母线本体及接头外表面与外界空气交界处。

户外运行的绝缘管母通常会受到空气对流、热辐射以及太阳辐射的影响，先不考虑太阳辐射的影响，此时管母表面满足空气对流和热辐射的复合边界条件：

$$-\lambda\frac{\partial T}{\partial n}\Big|_\Gamma=\varepsilon\sigma(T^4-T_e{}^4)+h(T-T_\infty) \tag{2.19}$$

式（2.19）中，热辐射与热力学温度 T 成四次方关系，具有强烈的非线性，为了简化问题，通常假设环境等效辐射温度 T_e 约等于环境温度 T_∞，则式（2.19）可化简为

$$-\lambda\frac{\partial T}{\partial n}\Big|_{\Gamma}\approx\left[\varepsilon\sigma(T^2+T_\infty{}^2)(T+T_\infty)+h\right](T-T_\infty)=h_{\mathrm{com}}(T-T_\infty)\qquad(2.20)$$

式中，h_{com} 称为复合对流换热系数[129]，同时包含了空气对流和热辐射的影响。下面对该系数进行估算。

假设管母处在静止无风的环境中，则其对流换热系数可参考水平圆柱体的自然对流换热系数经验公式（2.21）[129]：

$$h=\left\{0.6+\frac{0.387Ra^{1/6}}{[1+(0.599/Pr)^{9/16}]^{8/27}}\right\}^2\lambda/L\qquad(2.21)$$

式中，L 为圆柱体直径，m；Ra 为瑞利数：

$$Ra=\frac{g\beta_{\mathrm{a}}(T-T_\infty)L^3Pr}{\upsilon^2}\qquad(2.22)$$

式中，β_{a} 为空气热膨胀系数，为热力学温度的倒数 $1/T$；υ 为运动黏度，对于 10～40 ℃的空气，其值约为 $1.85\times10^{-5}\,\mathrm{m^2/s}$。

假设环境温度 $T_\infty=25$ ℃，运行时管母表面温度 $T=40$ ℃，直径为绝缘管母直径（8.02 cm），代入式（2.21）和式（2.22）可得 $h=4.5\ \mathrm{W/(m^2\cdot K)}$，进一步代入式（2.20）中得到 h_{com} 约等于 11 W/（$\mathrm{m^2\cdot K}$）。由于环境等效辐射温度 T_e 小于环境温度 T_∞[129]，因此实际的复合对流换热系数比前述计算值大，在本书中后续 h_{com} 统一取为 12 W/（$\mathrm{m^2\cdot K}$），环境温度取 25 ℃。

（2）铜管内部与空气交界处。

铜管内部空气处于封闭状态，不考虑外界刮风引起的强迫对流，由于铜管内表面近似等温，几乎没有热量传递，可以当作绝热边界进行处理。为了验证导体内壁绝热边界的合理性，设计了两组计算模型进行仿真，一种方式是直接建立绝缘管母内部的空气层，另一种是不建立空气层，并对导体内壁施加绝热边界。不同计算模型下绕包型接头导体轴向温度分布如图 2.7 所示，两种模型的导体温度完全一致，验证了加载边界的合理性。

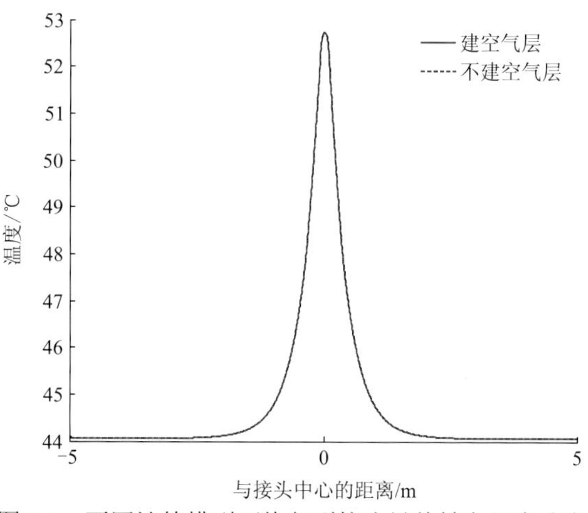

图 2.7　不同计算模型下绕包型接头导体轴向温度分布

（3）本体末端。

由于绝缘管母的模型不可能无限长，在本体左右两端处需要施加合适的边界条件。当本体足够长时，认为本体末端已不受来自接头热流的影响，即不存在轴向热流，边界处法向热流密度为 0，加载绝热（即法向热流密度为 0）边界条件。

2.3.4 网格优化

由于模型结构较为简单，采用四边形网格进行剖分。为分析不同网格数量对仿真计算结果的影响，分别取剖分尺寸为 2 mm、4 mm 和 7 mm，计算中间接头的稳态温度场分布。沿铜管导体内壁的路径上温度分布情况如图 2.8 所示，可知，不同剖分尺寸下绕包型接头导体轴向温度分布情况基本不变，因此下面章节均采用 7 mm 的剖分尺寸进行网格剖分。

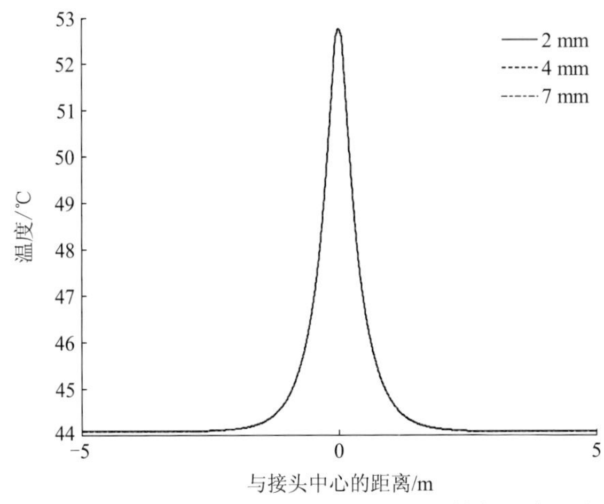

图 2.8　不同剖分尺寸下绕包型接头导体轴向温度分布

2.3.5 母线长度确定

由于母线本体两端设置为绝热边界，绝缘管母模型长度过小会影响到接头及其附近的温度场分布，为此需要确定仿真中母线本体的长度。将母线总长度（包含接头）分别设为 2 m、6 m 和 10 m，提取沿导体内径的温度路径分布如图 2.9 所示。由图 2.9 可知，当母线长度仅为 2 m 时误差较大，当母线长度在 6 m 及以上时，导体温度分布几乎没有差异，考虑到一定裕度，本书选取母线长度为 10 m。

实际中单根母线长度在 6 m 左右，由上述讨论可知，在此长度下其他连接的设备对管母接头温度场几乎没有任何影响。

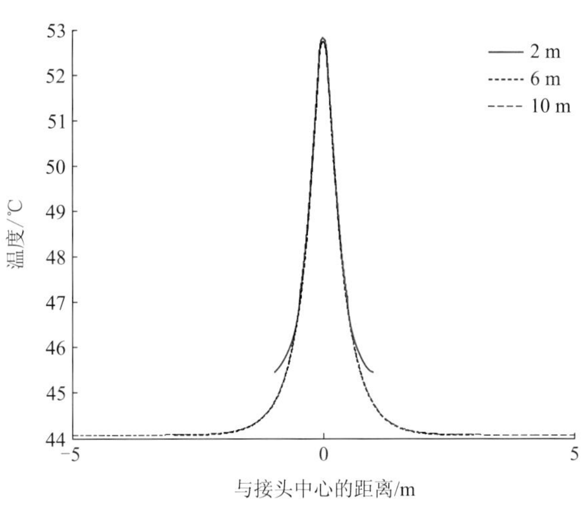

图 2.9　不同母线长度下绕包型接头导体轴向温度分布

2.3.6　时间步长优化

实际中绝缘管母的温度分布随负载、外界环境等因素变化，因此需要开展暂态温度场仿真。为比较不同时间步长对仿真结果的影响，仿真步长分别设置为 1 min、5 min 和 10 min，为方便起见，加载单阶跃的额定电流 1 250 A，提取接头导体温度，对不同仿真步长的温升曲线进行了对比，如图 2.10 所示，可见三条曲线总体差异不大，时间步长主要对温升的起始阶段有一定影响。以 1 min 时间步长作为基准，5 min 和 10 min 时间步长的温度最大偏差分别约为 0.3 K 和 0.6 K，综合计算效率和精度，选择时间步长为 5 min。

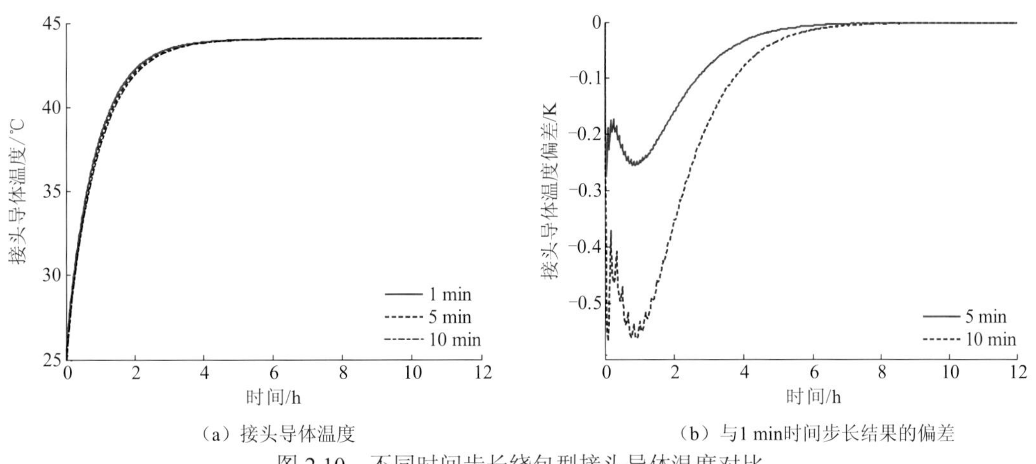

（a）接头导体温度　　（b）与1 min时间步长结果的偏差

图 2.10　不同时间步长绕包型接头导体温度对比

2.3.7 绕包型接头温度场分布规律

绝缘管母加载额定电流后的稳态温度和热流密度分布云图如图 2.11 和图 2.12 所示，由于接触电阻的存在，温度最高点出现在导体压接处，以此为中心沿径向和轴向延伸温度逐渐降低；热流主要集中在高热导率的导体上，在轴向方向上热流从接头向本体传导，而相比于金属，绝缘的热流密度要低 3～4 个数量级，且压接处导体的热流密度也较低，说明该部分温度较为均匀，热点并非集中在某一个点，而是在整个压接区域。

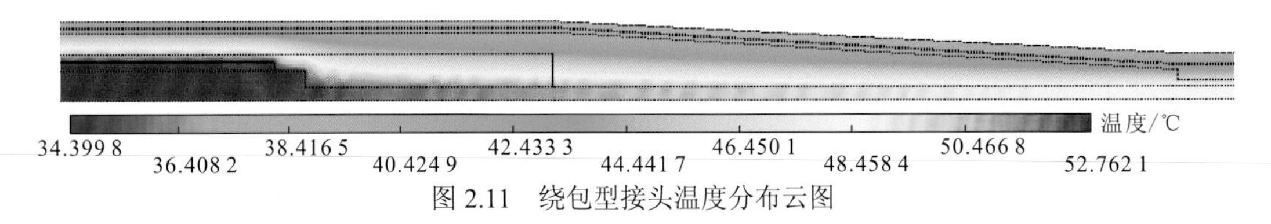

图 2.11　绕包型接头温度分布云图

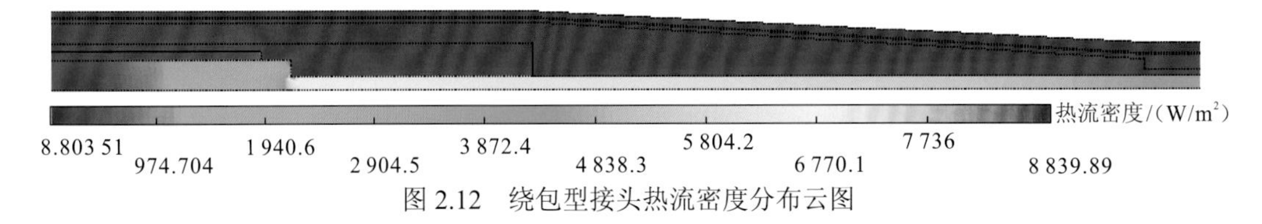

图 2.12　绕包型接头热流密度分布云图

提取不同接触电阻下的导体轴向及接头径向温度数据，如图 2.13 所示。

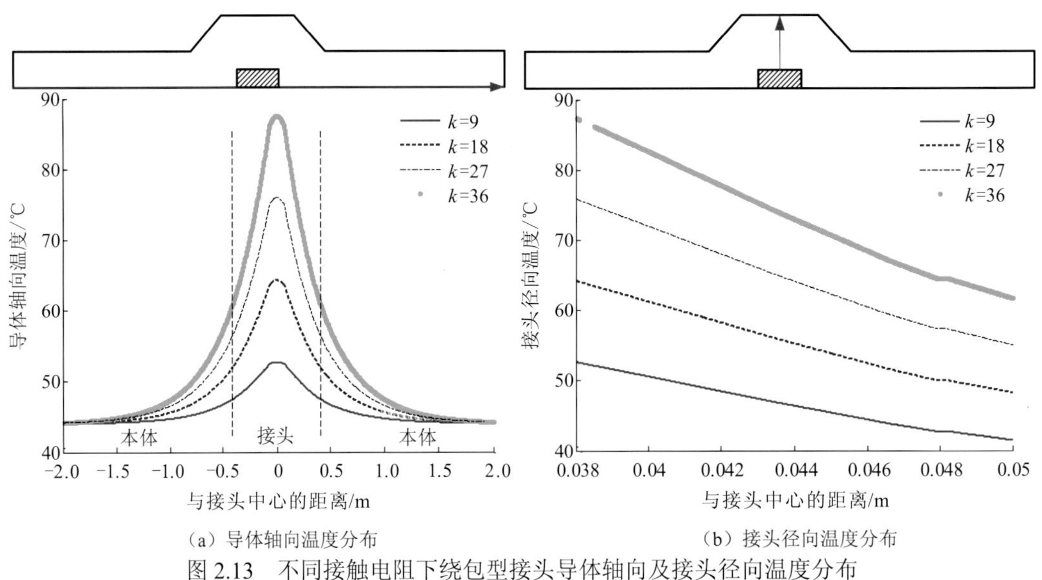

图 2.13　不同接触电阻下绕包型接头导体轴向及接头径向温度分布

导体轴向温度分布近似为一个高斯函数，中间高两边低，整个曲线光滑过渡，接触电阻越大，接头导体温度越高，曲线呈现出的峰度就越大，在距离接头 2 m 以外的区域几乎不受接头传热的影响，距离接头 1 m 以内的区域受接触电阻影响显著；在接头径向方向上，随着与接头中心距离的增大，温度逐渐降低，接触电阻越大，温度下降越明显。

2.4　屏蔽筒接头温度场仿真

2.4.1　对流-辐射仿真的小模型验证

屏蔽筒接头内的空气同时存在着热对流和热辐射，属于对流-辐射复合换热，其传热的复杂度远高于绕包型接头，本书采用有限体积法进行仿真，下面先建立简单小模型验证数值仿真方法的准确性。

选取结构简单的无限长同轴圆柱作为小模型，其结构及边界条件如图 2.14 所示，从内到外依次为内层铜管和外层铜管，两铜管之间充满空气，将空气视为完全透明体，不参与辐射换热，其中，外层铜管外表面施加定温边界条件，温度为 0℃，内层铜管热生成率为 $G=2\times10^5$ W/m^3，内层铜管外表面发射率为 $\varepsilon_1=0.9$，外层铜管内表面发射率为 $\varepsilon_2=0.8$。小模型几何参数如表 2.2 所示。

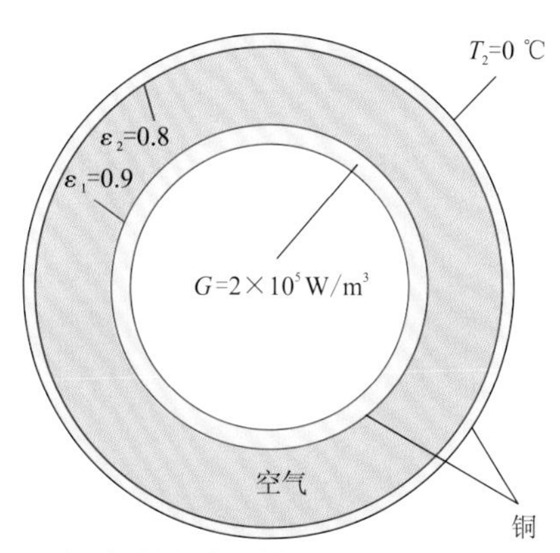

图 2.14　对流-辐射仿真小模型的结构及边界条件示意图

表 2.2　小模型几何参数

结构	内半径 r_i/mm	外半径 r_o/mm
内层铜管	8	10
外层铜管	20	21

下面先计算解析解，由于空气被视为完全透明体，不参与辐射换热，热辐射只在表面间进行，空气只参与对流换热，因此辐射和对流换热互不关联，可以解耦，按照叠加法原理进行计算[134]。如果边界温度已知，则先按纯对流换热算出对流热流密度 q_c，再按纯辐射换热算出辐射热流密度 q_r，两者代数和即为所求的总热流密度 q_{sum}。本算例中已知的是热功率而非边界温度，因此需要进行迭代计算，计算流程如图 2.15 所示，其中，q_{sum} 可由内层铜管的热生成率确定，$q_{sum}=GV/S=G\pi(r_o{}^2-r_i{}^2)/(2\pi r_o)=360$ W/m^2，下面关键在于计算辐射及对流的热流密度 q_r 和 q_c。

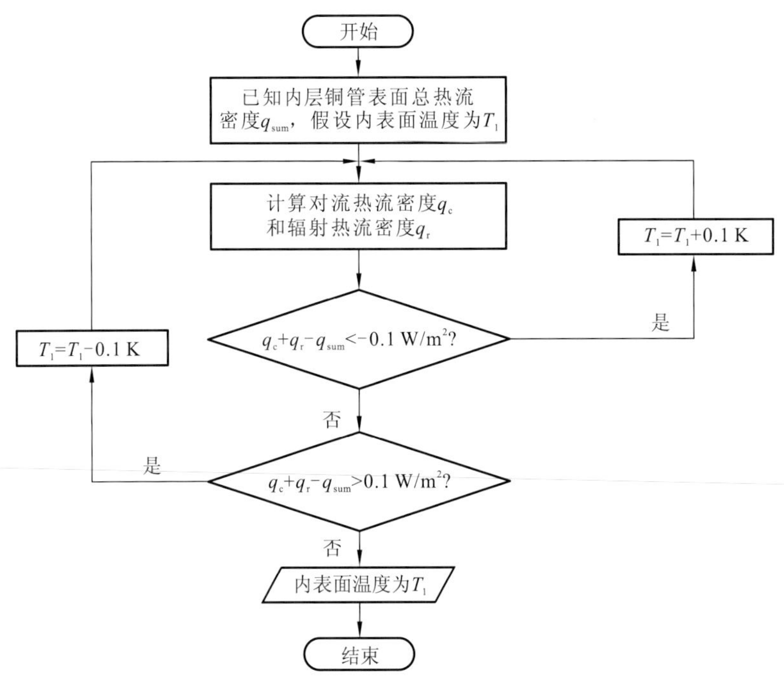

图 2.15　对流-辐射换热解析计算流程

无限长同轴圆柱间的热辐射热流密度计算公式如下[129]：

$$q_r = \frac{\sigma(T_o^4 - T_i^4)}{\dfrac{1}{\varepsilon_1} + \dfrac{1-\varepsilon_2}{\varepsilon_2}\dfrac{r_o}{r_i}} \tag{2.23}$$

式中，T_o、r_o和ε_1分别为内层铜管外表面的温度、外半径和表面发射率；T_i、r_i和ε_2分别为外层铜管内表面的温度、内半径和表面发射率。

封闭空间内的自然对流传热通常难以采用该解析法求解，但对一些简单结构存在经验公式，可以为数值仿真结果提供一定参考。封闭空间自然对流传热可以用等效热导率的概念转化为热传导问题，在密闭空间中，热导率为λ的流体可等效为热导率为λNu的固体，λNu称为等效热导率λ_{eff}[129]。

假设有两个无限长的水平同轴圆柱，其间充满了流体，内外温度分别为T_i和T_o，内外径分别为D_i和D_o，$L_c=(D_o-D_i)/2$为特征长度，Raithby 和 Hollands 推荐的努塞特数经验公式如下[135]：

$$Nu = 0.386\left(\frac{Pr}{0.861+Pr}\right)^{0.25}(F_{cyl}Ra)^{0.25} \tag{2.24}$$

式中，F_{cyl}为同轴圆柱的几何因子：

$$F_{cyl} = \frac{[\ln(D_o/D_i)]^4}{L_c^3(D_i^{-0.6}+D_o^{-0.6})^5} \tag{2.25}$$

式（2.24）适用于 $0.7 \leqslant Pr \leqslant 6\,000$，且 $100 \leqslant F_{\mathrm{cyl}} Ra \leqslant 10^7$ 的情况，适用于本书算例。

同轴圆柱体内表面的对流换热密度计算公式如下[129]：

$$q_{\mathrm{c}} = \frac{2\lambda_{\mathrm{eff}}}{D_{\mathrm{i}} \ln(D_{\mathrm{o}} / D_{\mathrm{i}})}(T_{\mathrm{i}} - T_{\mathrm{o}}) \tag{2.26}$$

综合式（2.24）～式（2.26）可以确定对流换热密度 q_{c}，根据图 2.15 的计算流程，最终计算出的内表面温度为 37.2 ℃，对应的对流和辐射热流密度分别为 190 W/m^2 和 170 W/m^2，两者数值相当，说明在空气自然对流换热计算中必须计及热辐射的作用。

采用有限体积法进行计算，求解设置中不采用湍流模型，求解完后给出场域的瑞利数 Ra 平均值仅为 1.7×10^4，远小于 10^8，因而判断为层流，说明不采用湍流模型是合理的，有限体积法计算结果如图 2.16 所示，靠近内层铜管的流体温度较高，受热上浮，而外层铜管附近的流体温度相对较低，向下运动，两者之间形成了两个明显的大漩涡，基本是符合自然对流的流速分布的。由于热空气上浮，内层金属上侧的散热情况不如下侧散热好，所以上层空气温度明显高于底部空气。内层铜管温度为 37.6 ℃，与解析计算结果相差仅为 0.4 K，验证了数值仿真方法的准确性。

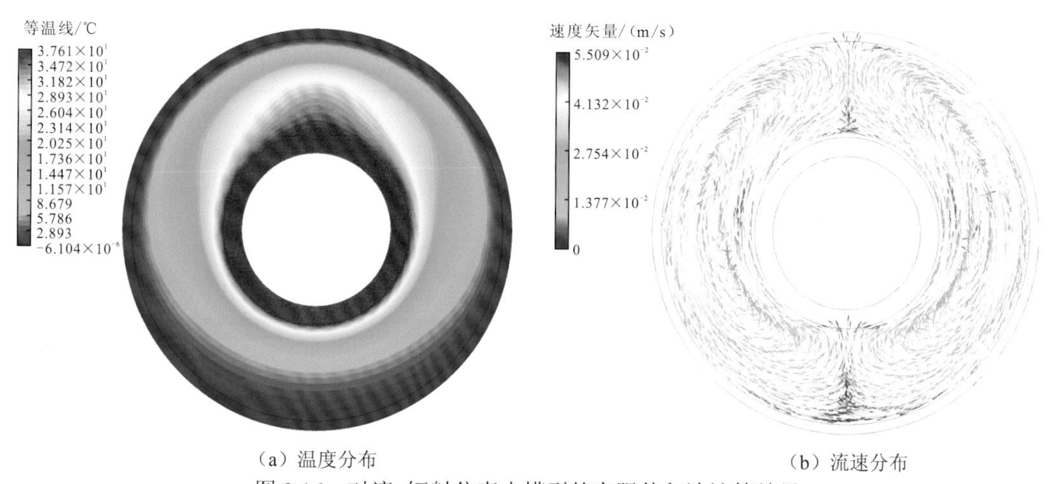

（a）温度分布　　（b）流速分布

图 2.16　对流-辐射仿真小模型的有限体积法计算结果

2.4.2　计算模型与材料参数

屏蔽筒接头的二分之一纵剖面结构如图 2.17 所示，在母线导体的端部焊接有铜排，端部铜排通过螺栓与连接铜排进行接续，在导体连接处外罩预制的屏蔽筒，端部通过法兰进行密封。屏蔽筒接头的相关材料参数如表 2.3 所示[129,136]。

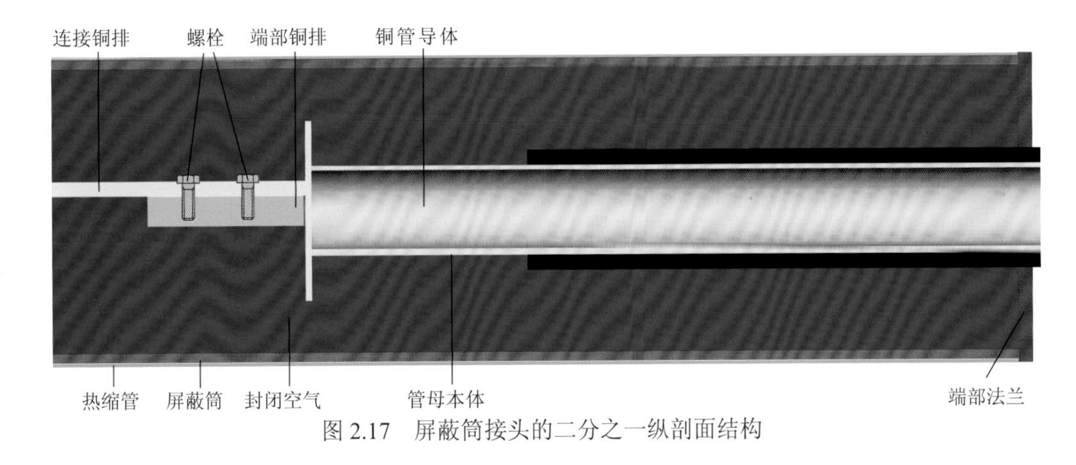

图 2.17　屏蔽筒接头的二分之一纵剖面结构

表 2.3　屏蔽筒接头的热力学参数

结构	热导率/[W/（m·K）]	体积比热容/[kJ/（m^3·K）]	运动黏度/（Pa·s）	热膨胀系数/（1/K）
内部空气	0.026	1.298	1.831×10^{-5}	3.356×10^{-3}
屏蔽筒（环氧浸渍纸）	0.35	2 400	—	—
热缩管（XLPE）	0.286	2 400	—	—
端部法兰（铝）	237	2 440	—	—

根据上述参数建立接头的计算模型，考虑到绝缘管母结构具有对称性，建立四分之一三维计算模型，如图 2.18 所示，模型中未建立螺栓，其对接触电阻的影响体现在铜排部分的等效热源上。

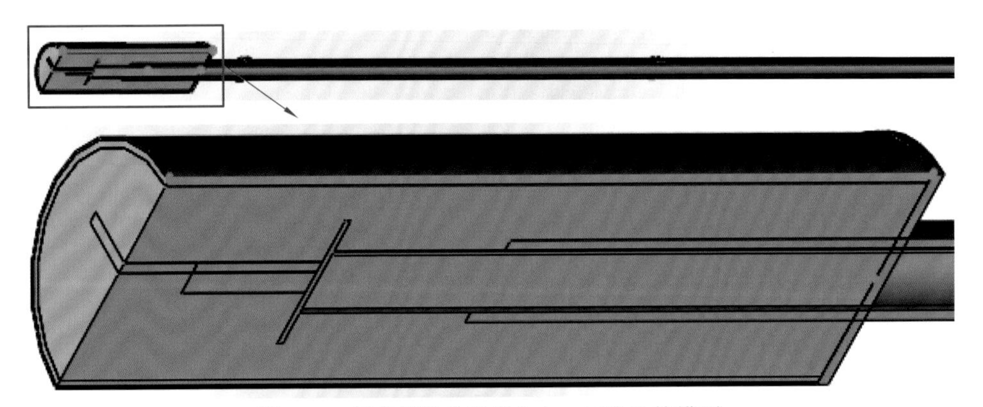
图 2.18　屏蔽筒接头的四分之一三维计算模型

2.4.3　边界条件与热源加载

热源的加载方式与前述绕包型接头类似，本体热源的加载不再赘述，接触电阻部分采用等效热源的方式进行处理，将接触电阻等效为压接体电阻率的增加，其中压接体为端部铜排与连接铜排接触部分的区域，如图 2.19 中红色区域所示，则其等效热生成率可采用如下公式计算：

$$G_3=\frac{W_3}{V_3}=\frac{I^2\times\rho_{\mathrm{j}}}{S^2}=\frac{I^2\times\rho_{\mathrm{j}}}{W^2H^2} \tag{2.27}$$

式中，ρ_{j} 为压接体的等效电阻率，为铜的 k 倍，k 称为接触电阻系数；W 为压接体的宽，0.1 m；H 为压接体的高，0.03 m；V_3 和 W_3 分别为接头压接处的母线体积和总功率，单位分别为 m^3 和 W。

由此可以计算得到 $G_3=0.001\,9kI^2$。在下面的仿真中，若无特殊说明，均假定接触电阻系数 $k=9$，电流 $I=1\,250$ A。

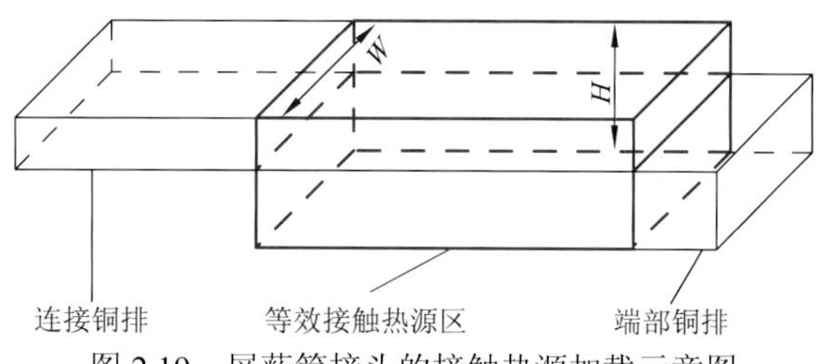

图 2.19 屏蔽筒接头的接触热源加载示意图

边界条件的加载与绕包型接头基本一致：在本体末端不存在轴向热流，即边界处法向热流密度为 0，加载绝热边界条件；母线本体及接头表面与外界空气交界处施加等效对流换热边界条件，复合对流换热系数 h_{com} 取为 12 W/（$\mathrm{m}^2\cdot\mathrm{K}$），环境温度取 25 ℃。铜管内部不建立空气层，对其内壁施加绝热边界。

屏蔽筒接头内要额外考虑热辐射效应，需设置固体表面发射率，屏蔽筒内存在多种固体材料：铜、环氧浸渍纸、XLPE 等，其中非金属的发射率通常在 0.9 左右，而金属发射率与氧化程度相关，其数值通常在 0.5～0.8[129]，综合考虑，在仿真中将屏蔽筒内固体表面发射率统一设置为 0.8。

求解设置中先不采用湍流模型，求解后场域的瑞利数 Ra 平均值为 1.2×10^7，小于 10^8，验证了屏蔽筒接头中空气的流动状态的确为层流，说明不采用湍流模型是合理的。

2.4.4 网格优化

网格质量对流体场的计算有着显著的影响，相比于热传导，对流-辐射热流的控制方程更为复杂、求解自由度更高，而且屏蔽筒接头是三维模型，采用全局加密将会产生巨大的单元量，导致计算机无法承受，因此有必要对流体域网格进行自适应控制。

1. 网格离散误差

图 2.20 给出了一维条件下有限体积法中的单元离散方式，w_1 和 w_2 为控制体积边界，由边界围成的区域称为控制体积，P_1、P_2 和 P_3 称为控制体积的中心节点。

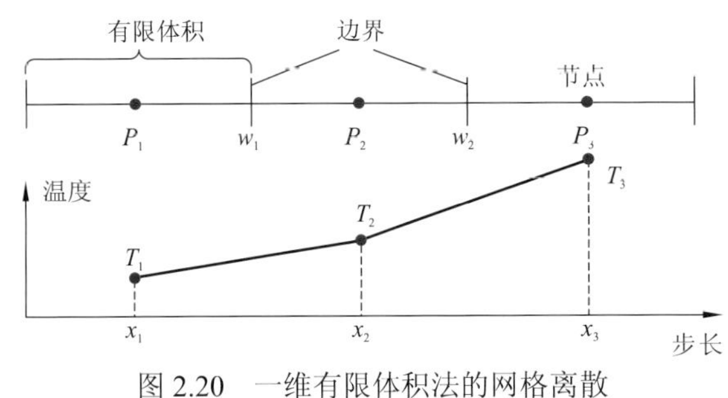

图 2.20 一维有限体积法的网格离散

在同一材料中，温度梯度是连续的，即同一节点左右两侧的温度梯度应相等，因此可将同一节点两侧的温度梯度差值视为网格的离散误差，对于线性单元有如下误差公式：

$$e_{1d}=\left|T'(x_3)-T'(x_1)\right|=\left|\frac{T_3-T_2}{x_3-x_2}-\frac{T_2-T_1}{x_2-x_1}\right| \tag{2.28}$$

式中，$T'(x)$表示温度的一阶导数，在数值计算中，二阶导数为一阶导数差值除以步长，假设离散步长相等，即 $x_3-x_2=x_2-x_1$，则式（2.28）可变为

$$e_{1d}=\left|T'(x_3)-T'(x_1)\right|=\left|T''(x_2)\times(x_2-x_1)\right|=\left|T''(x_2)l_e\right| \tag{2.29}$$

式中，l_e 为一维单元的长度，m。

对于三维问题，假设单元体积为 V_e，可将 x、y 和 z 方向分别作一维问题进行类似处理，然后累加得到最终的三维误差表达式如下：

$$e_{3d}=[\left|T''(x)\right|+\left|T''(y)\right|+\left|T''(z)\right|]V_e \tag{2.30}$$

2. 网格自适应控制

根据前述推导的单元误差式（2.30）可以对网格进行自适应控制，其主要思想是仅对误差较大的单元进行局部加密，从而在保证计算精度的同时控制计算效率。在流体计算中流固交界面部分的速度及温度变化较大，通常将壁面附近剧烈变化的薄层称为边界层，边界层需要人为控制剖分。根据笔者的经验，对于空气自然对流换热问题，可采用 5 层薄网格作为边界层，第一层厚度为 0.4 mm，后续 4 层以 1.3 倍比例逐渐加大，显然自适应网格剖分只针对非边界层网格，其具体实现流程如图 2.21 所示。

在高性能服务器中进行温度场的有限体积法仿真，采用 15 线程并行计算，经过三次自适应加密后，屏蔽筒接头的热点温度达到收敛，网格自适应加密过程的相关信息汇总如表 2.4 所示，加密前后的空气网格如图 2.22 所示。可见，加密到第二次以后热点温升基本收敛，加密后网格整体更加细化，空气网格数量从 3.3 万增加到 8.2 万。此外，加密网格后迭代的收敛性有所提高，迭代步数有所减少，因此加密后的温度场求解时间增加不多，说明自适应网格加密方法能在不影响计算效率的同时提高计算精度，凸显了该方法的优势。

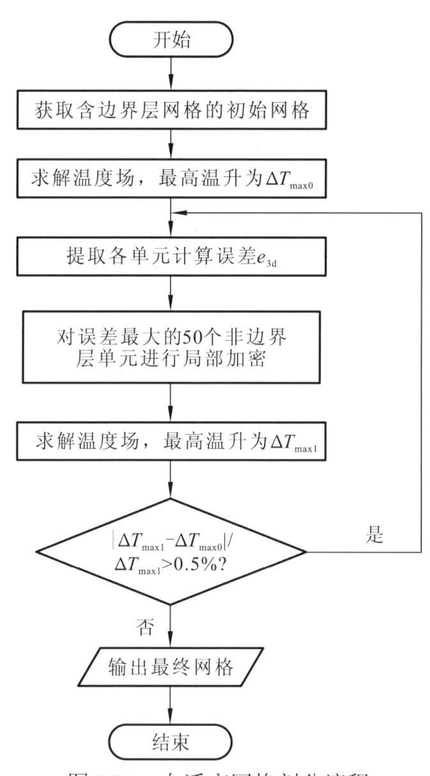

图 2.21　自适应网格剖分流程

表 2.4　空气域自适应网格加密过程

加密次数	空气网格数量	热点温升/K	计算时间/min	迭代步数
0	33 466	26.71	8	766
1	48 867	25.01	7.5	664
2	81 902	27.04	9.5	658
3	112 209	27.14	9.6	652

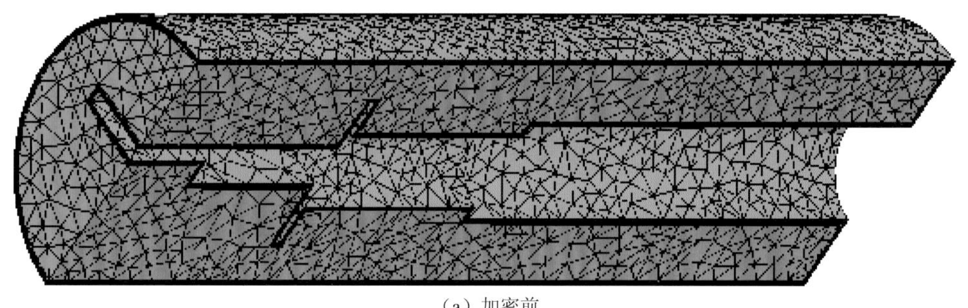

（a）加密前

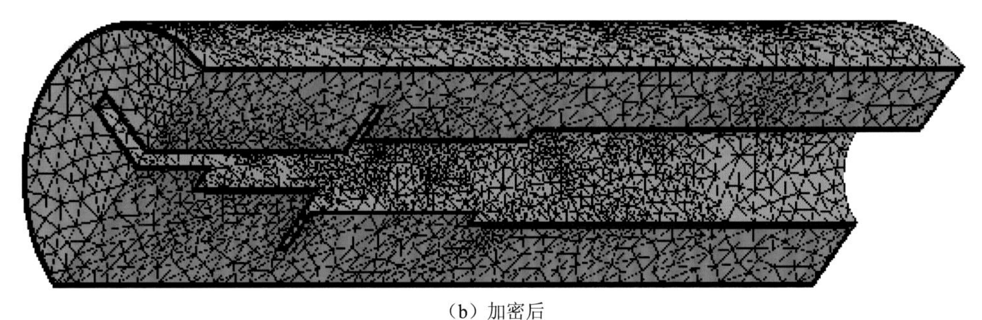

（b）加密后

图 2.22　屏蔽筒接头空气域加密前后的网格

2.4.5　时间步长优化

为比较不同时间步长对仿真结果的影响，将时间步长分别设置为 1 s、5 s、20 s 和 60 s，为方便起见，加载单阶跃的额定电流 1 250 A，提取接头内部导体温度，对不同时间步长下的温升曲线进行了对比，如图 2.23 所示。

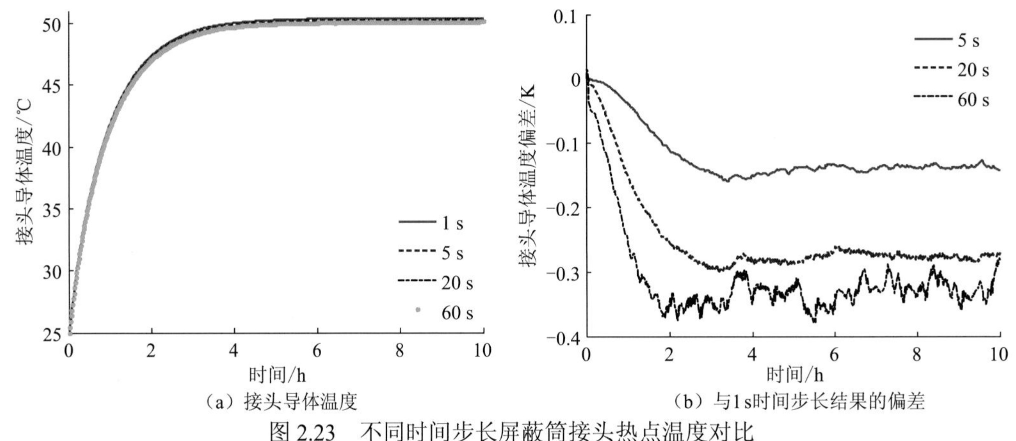

（a）接头导体温度　　（b）与1 s时间步长结果的偏差

图 2.23　不同时间步长屏蔽筒接头热点温度对比

在温升过程中，不同时间步长的温度偏差逐渐增大，以 1 s 时间步长为基准，5 s、20 s 和 60 s 步长下的稳态温度偏差分别约为 0.15 K、0.3 K 和 0.4 K，其中 60 s 步长下的温度波动较为明显，5 s 步长和 20 s 步长下的仿真用时分别约为 3 h 和 70 min，综合考虑计算精度和时间成本，本书选取时间步长为 20 s。

2.4.6　屏蔽筒接头温度场分布规律

屏蔽筒接头横剖面的温度及流速分布如图 2.24 所示，高温导体周围的空气受热膨胀向上运动，到达屏蔽筒顶部后沿圆周壁面向下运动，接近底部后流速下降，在负压的作用下继续向上运动，从而形成循环的空气流动。空气在循环过程中又同时将导体的热量带走，离开发热导体的空气首先经过了屏蔽筒的顶部，然后再运动到底部回到导体处，因此顶层的温度要明显高于底部。此外，在流固边界上由于空气没有流动，仅通过热传导进行对流换热，同时空气热导率又很低，故流固交界面上的温度梯度很大，这是自然对流换热的基本规律。仿真结果与上述分析规律相符，也在一定程度上印证了仿真的有效性。

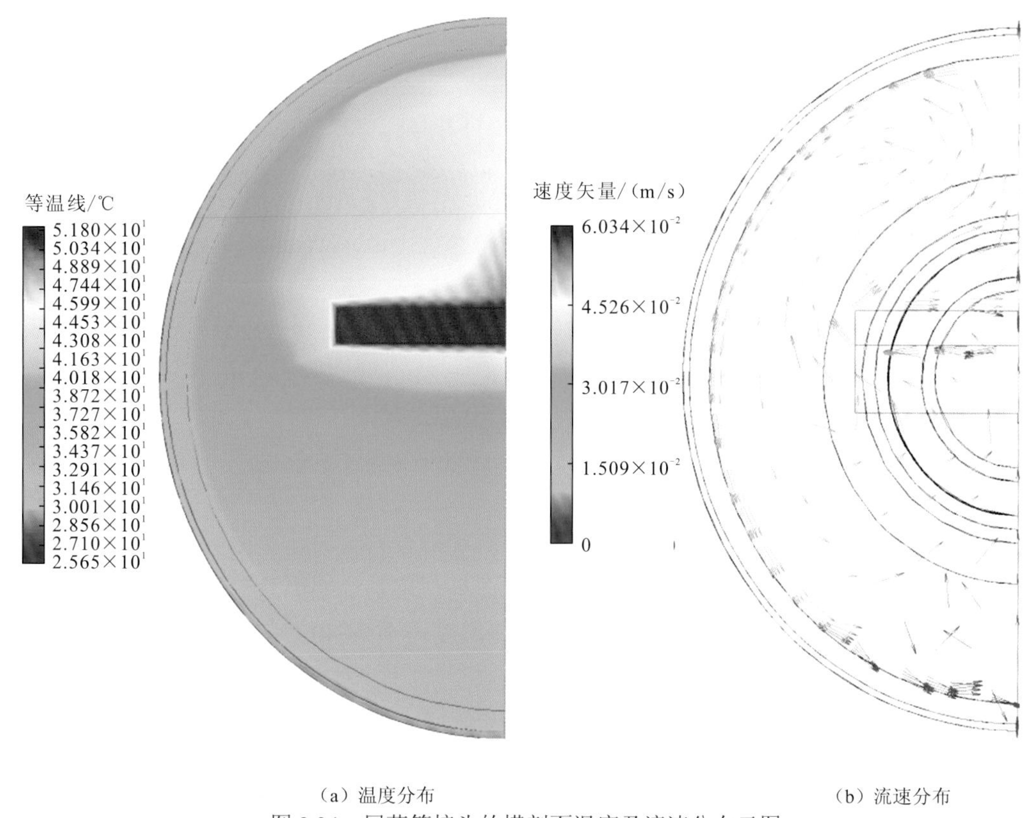

(a) 温度分布　　　　(b) 流速分布

图 2.24　屏蔽筒接头的横剖面温度及流速分布云图

屏蔽筒接头的纵剖面温度及热流密度分布如图 2.25 所示，由于接触电阻的存在，温度最高点出现在导体压接处附近，以此为中心沿径向和轴向延伸温度逐渐降低，与绕包型接头不同的是，屏蔽筒接头的径向温度分布不再具有对称性，受空气流动影响，顶部温度明显高于底部；热流则主要集中在高热导率的铜管导体上，在轴向方向上热流从接头向本体传导，而相比于金属，绝缘部分的热流密度则要低三到四个数量级，且热点并非集中在一个点上，而是存在于以压接铜排为中心向两侧辐射的一片导体区域，因此在导体压接处附近热流密度较小，越靠近屏蔽筒的端部，热流密度越大。在靠近端部密封法兰的部位热流密度最大，这是因为金属法兰温度较低，接近于环境温度，而与其接触的绝缘管母温度则较高，所以在密封处温度变化剧烈，导致热流密度也有所增大。

提取不同接触电阻下屏蔽筒接头的导体轴向及接头径向温度数据，如图 2.26 所示。导体轴向温度分布与前述绕包型接头极为相似，中间高两边低，整个曲线光滑过渡，接触电阻越大，接头导体轴向温度越高，曲线呈现出的峰度就越大，在距离接头 2 m 以外的区域几乎不受接头传热的影响，距离接头 1 m 以内的区域受接触电阻影响显著；在接

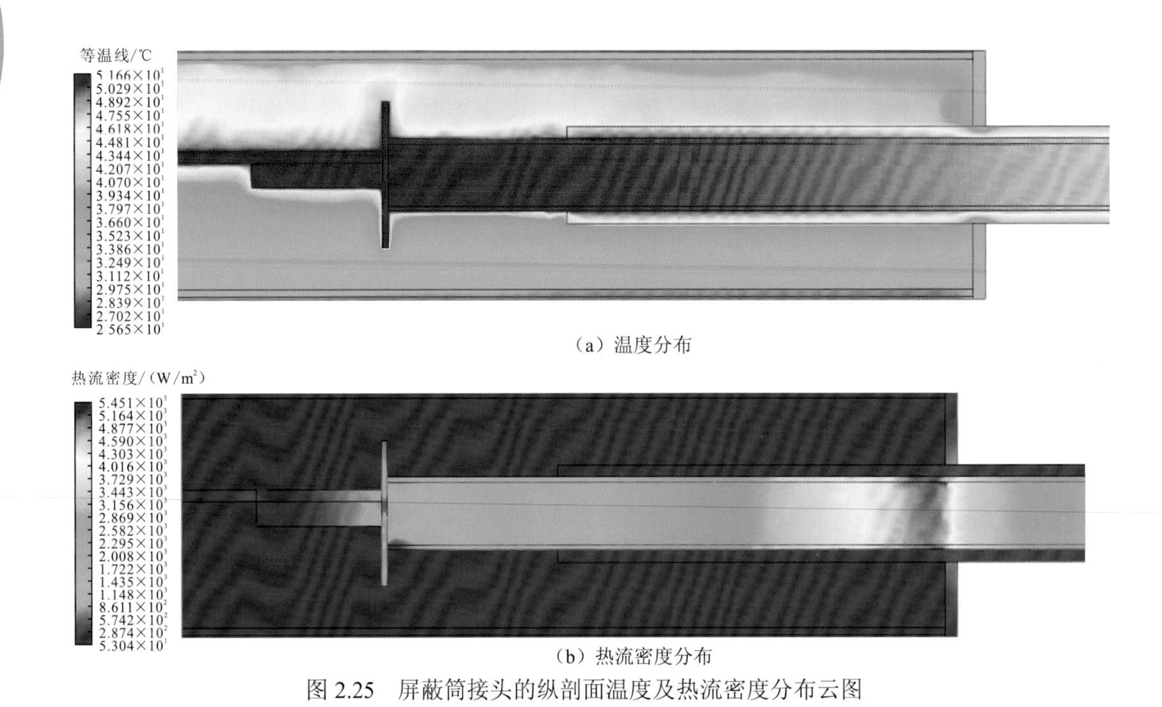

（a）温度分布

（b）热流密度分布

图 2.25 屏蔽筒接头的纵剖面温度及热流密度分布云图

头径向方向上，温度分布存在明显的不对称性，受空气自然对流影响，上部空气温度明显高于底部，且在流固边界上温度变化剧烈。此外，屏蔽筒表面与导体温度差异较大，当导体温度达到约 75℃时，屏蔽筒表面的平均温度还不到 40℃，而相同导体温度下，绕包型接头的表面温度已达到 55℃。

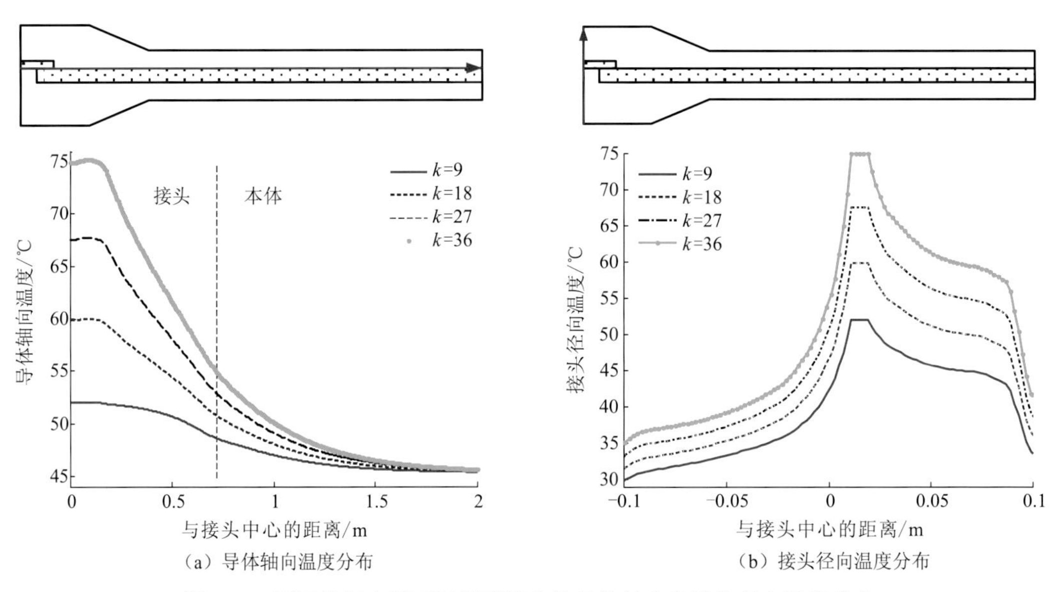

（a）导体轴向温度分布

（b）接头径向温度分布

图 2.26 不同接触电阻下屏蔽筒接头的导体轴向及接头径向温度分布

屏蔽筒内材料的表面发射率ε与表面状态及材料相关，具有一定的不确定性，设置不同的表面发射率ε进行温度场仿真，提取导体轴向温度，如图 2.27 所示。可见，随着发射率ε的降低，导体最高温度近似线性上升，本书设置ε=0.8，当发射率在 0.6～1 波动时，最高温度的变化也不超过 2 K，表明发射率的取值在一定范围内对温度影响不大。但当ε取为 0，即忽略热辐射传热时，最高温度的上升幅度可达到 11 K，这说明了仿真中考虑热辐射传热的必要性。

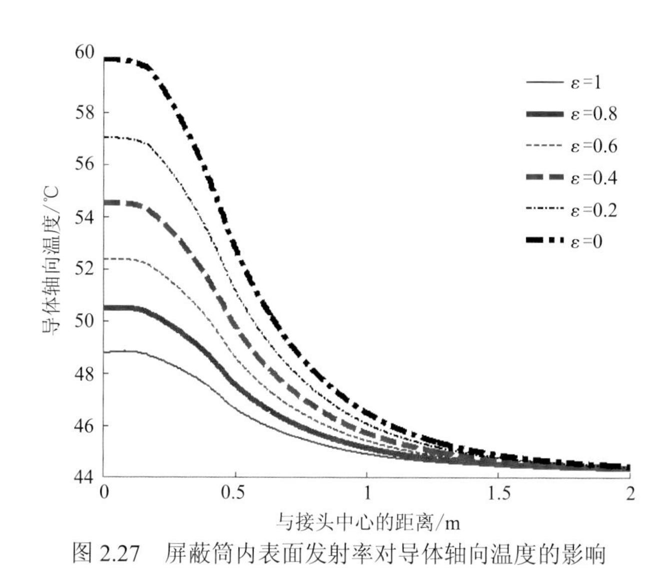

图 2.27　屏蔽筒内表面发射率对导体轴向温度的影响

2.5　绝缘管母接头热点温度反演的基本思路

2.5.1　“主热流”路径反演思路

温度场计算本质上是求解一个偏微分方程组。根据解的唯一性定理，反问题无法提供全部定解条件，因而不存在唯一解，这也是解决反演问题的主要难点之一。但本书的反演目标仅是热点温度，而非完整的温度分布，因此可以考虑将温度场的求解问题降维成离散点的温度映射问题，即将三维场分布反演转化为一维路径反演。首先寻找与热点温度强关联的敏感点（本书称之为“特征点”），进而利用可测的特征点表面温度来反演热点温度。上述问题的关键在于如何确定特征点位置，以及以何种路径实现温度映射。

事实上，对于一个内含热源的温度场而言，热源均以热流的形式向外散发热量。在热量的传递过程中，场域内任一微元体在吸收热量的同时，也在持续向外散发热量，吸热和散热的差额造成了物体的温升，进而构成了整个场域的温度分布。可以说，热流是形成温度场的直接推动力，同时也是联系场域内各点温度的纽带，如图 2.28 所示。

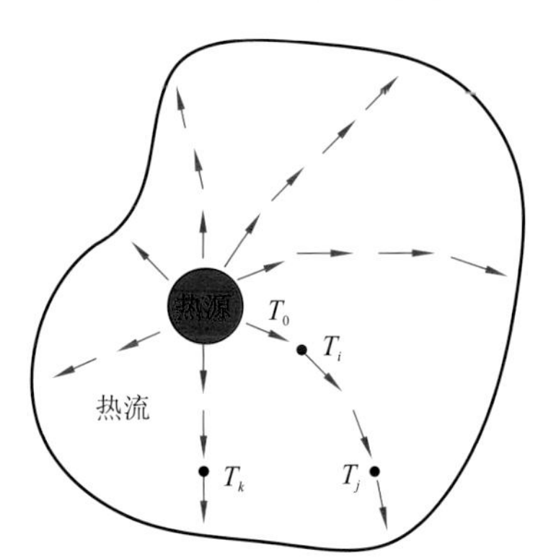

图 2.28　温度场中的热流

温度场中任意两点的温度均通过热流联系在一起：

$$T_i = T_j + \int_0^l \frac{\boldsymbol{q}_{ij}}{\lambda} \mathrm{d}\boldsymbol{l} \tag{2.31}$$

式中，T_i 和 T_j 表示场域任意两点温度；$\boldsymbol{q}_{ij}$ 为两点间的热流密度矢量；$\boldsymbol{l}$ 为两点间路径。

显然，当两点之间不存在热流连接时，其中任一点温度的变化均不会引起另外一点温度的变化，即两点的温度不存在任何相关性；反之，当路径上的热流越大，路径上各点的温度关联性就越强，类似于“主磁通”的概念，热流最大的路径可称为“主热流”。根据上述分析，为确保特征点温度与热点温度之间的强关联关系，反演路径的选择应以热流最大化为原则，尽量将特征点放置于主热流上。

2.5.2　接头温度场相似性分析

从前述的温度场仿真分析可见，绕包型接头和屏蔽筒接头内部的传热机制本身具有较大差异，前者属于纯热传导问题，而后者以对流和辐射换热为主，因而两种接头的温度分布也具有明显区别。进一步仔细观察发现，两者温度场存在一定的相似之处，下面进行具体分析：

相似点 1：场域中的热流均集中于高热导率的载流导体处。

显然对于绝缘管母接头而言，主热流所在方向即为载流导体的轴向方向，如图 2.29 所示。已知用于热点温度反演的特征点应位于载流导体处，这样一来就确定了温度反演的一条基本路径：从载流导体出发，沿轴向指向接头热点。

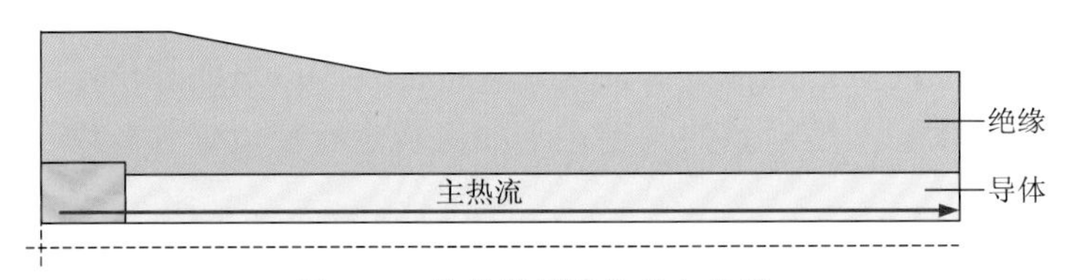

图 2.29　绝缘管母接头的主热流

相似点 2：导体轴向温度分布均类似于高斯函数分布，从接头热点处向两侧扩散，且其温度变化一直延伸到了本体。

相似点 1 为热点温度的反演提供了路径，即特征点应位于导体处，利用特征点的导体温度来反映热点温度，但导体包裹在绝缘内部，不可直接获取温度值，尤其是位于接头部分的导体，由于接头结构不规则，传热机制复杂（如屏蔽筒接头），难以准确得到该部分的导体温度。而相似点 2 则为反演的实现提供了可能性，因为导体的轴向温度变化一直延伸到了本体部分，而管母本体为形状规则且简单的同轴圆柱结构，可利用其表面温度 T_{si} 计算出对应的导体温度 T_i，因此可将特征点选取在本体上，先利用特征点处的表面温度 T_{si} 计算出对应的导体温度 T_i，然后再根据特征点导体温度 T_i 来最终反演接头的热点温度 T_{j}。

2.5.3　接头热点温度组合反演思路

根据前述分析，以热流为桥梁，依次通过“本体径向热流”和“导体轴向热流”可将边界上各特征点处的表面温度 T_{si} 与热点温度 T_{j} 联系起来，从而实现热点温度的组合反演。具体实现步骤如下：

第一步，利用若干本体特征点处的表面温度 T_{si} 计算对应的特征点导体温度 T_i，称为“本体径向温度反演”。考虑到绝缘管母与电缆结构的相似性，本体径向温度反演采用热路模型实现，根据负载电流和本体表面温度，通过求解暂态热路实时计算对应的特征点导体温度 T_i，在该步骤中本体径向热流显式地出现在热路模型中。

第二步，根据特征点导体温度 T_i 估算接头热点温度 T_{j}，称为“导体轴向温度反演”。与本体径向温度反演不同，导体轴向温度难以通过热路模型准确表达，但其关联性蕴含在温度场的分布中，通过开展绝缘管母接头的暂态温度场仿真，提取导体的温度数据作为训练样本，进而建立接头热点温度 T_{j} 与特征点导体温度 T_i 的轴向反演函数，形成导体轴向温度反演模型，在该步骤中导体轴向热流隐式地体现在了轴向反演函数中。

最终将本体径向温度反演得到的特征点导体温度 T_i 代入导体轴向温度反演模型，即可得到接头的热点温度 T_{j}。组合反演的热流路径如图 2.30 所示，温度组合反演的流程如图 2.31 所示。

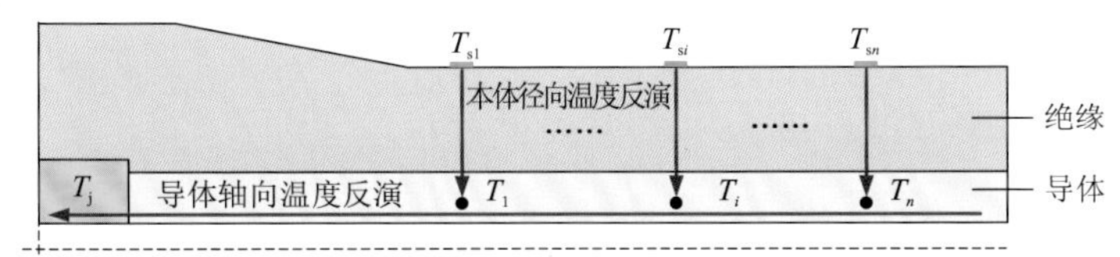

图 2.30　绝缘管母接头热点温度组合反演的热流路径

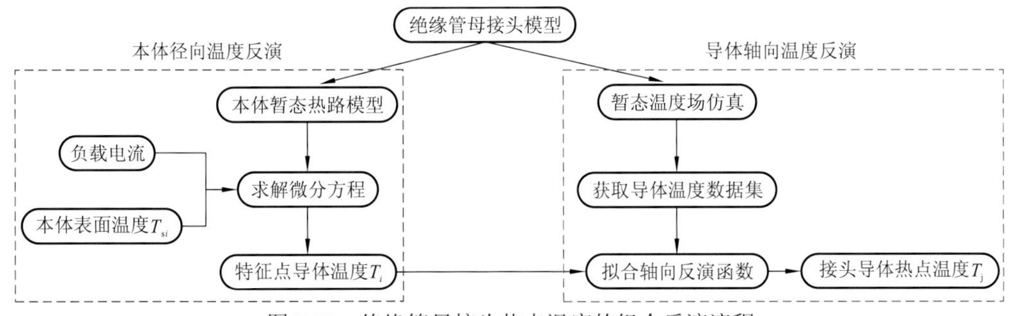

图 2.31　绝缘管母接头热点温度的组合反演流程

2.6 本章小结

本章首先介绍了温度场正问题与反问题的概念，指出绝缘管母接头的非植入式热点温度检测本质上是求解温度场的反问题，但传统的温度反演方法是一种通解，无法满足接头测温的实时性和精度要求，因而有必要根据绝缘管母接头的温度场特点，寻找一种新的热点温度反演算法，以满足工程需求。然后简要介绍了绝缘管母接头的热量传递原理，并详细阐述了绕包型接头和屏蔽筒接头温度场的正问题求解，并对其温度场进行了分析，在此基础上进一步寻找了两种接头温度场的共性规律，结合“主热流”路径反演的基本思想，提出了绝缘管母接头热点温度的组合反演思路。

第3章

绝缘管母接头热点温度反演模型与接触状态评价方法研究

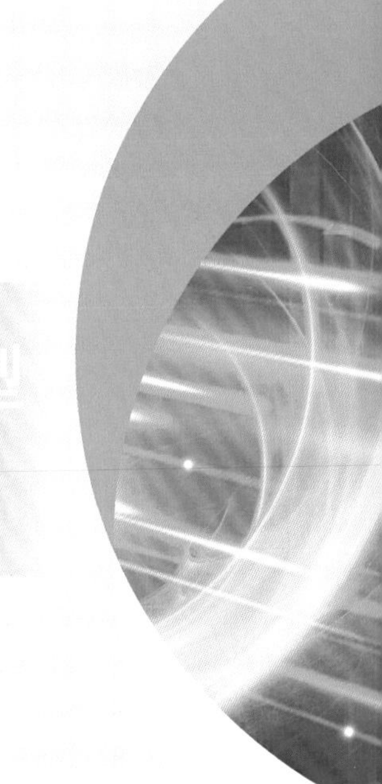

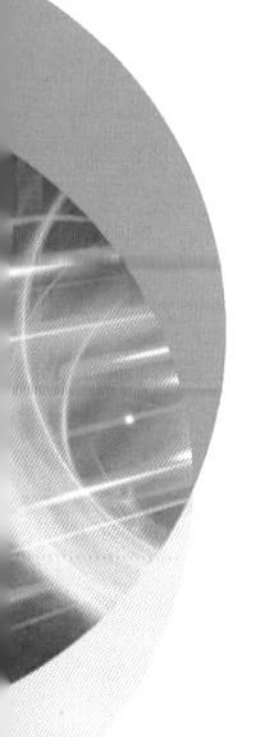

本章详细、全面地阐述绝缘管母接头热点温度反演模型的构建方法。首先以结构较为简单的绕包型接头为例，具体介绍反演算法的实现过程以及模型的优化；然后根据屏蔽筒接头的主要特点，对其温度反演算法进行修正，在此基础上，以暂态温度场数值仿真模拟温升试验，分析算法的理论可行性；最后基于上述温度反演算法提出一种接头导体接触状态的评价方法。

3.1 绕包型接头热点温度反演模型

3.1.1 导体轴向温度反演模型

导体轴向温度反演模型旨在建立接头热点温度 T_{j} 与本体特征点导体温度 $T_i(i=1,2,\cdots,n)$ 之间的函数关系，即

$$T_{\mathrm{j}}=f(T_1,T_2,\cdots,T_n) \tag{3.1}$$

导体轴向温度反演模型的性能完全取决于轴向反演函数的拟合形式、拟合样本集、特征点位置及个数。下面将以绕包型接头为例进行具体说明，着重分析各个因素对算法的影响，并在此基础上对模型进行优化。

1. 轴向反演函数的拟合形式

绝缘管母通常安装于户外，户外的环境温度在一年中甚至一天中都有着明显的变化，轴向反演函数首先应能够适应各种环境温度的变化。显然，环境温度的变化在管母导体各点上引起的温度变化是相等的。根据这一特点，轴向反演函数应满足如下恒等式：

$$T_{\mathrm{j}}+\Delta T\equiv f(T_1+\Delta T,T_2+\Delta T,\cdots,T_n+\Delta T) \tag{3.2}$$

式中，ΔT 为由环境温度变化引起的导体温度改变量。

根据多元函数的泰勒公式，式（3.2）右端项可展开为

$$f(T_1+\Delta T,T_2+\Delta T,\cdots,T_n+\Delta T)=f(T_1,T_2,\cdots,T_n)+\Delta T\sum_{i=1}^{n}\frac{\partial f}{\partial T_i}+\frac{1}{2!}\Delta T^2\sum_{i=1}^{n}\sum_{j=1}^{n}\frac{\partial^2 f}{\partial T_i\partial T_j}+\cdots \tag{3.3}$$

将式（3.3）代入式（3.2）可得

$$T_{\mathrm{j}}+\Delta T\equiv f(T_1,T_2,\cdots,T_n)+\Delta T\sum_{i=1}^{n}\frac{\partial f}{\partial T_i}+\frac{1}{2!}\Delta T^2\sum_{i=1}^{n}\sum_{j=1}^{n}\frac{\partial^2 f}{\partial T_i\partial T_j}+\cdots \tag{3.4}$$

式（3.4）进一步结合式（3.1）可将常数项消去：

$$\Delta T\equiv\Delta T\sum_{i=1}^{n}\frac{\partial f}{\partial T_i}+\frac{1}{2!}\Delta T^2\sum_{i=1}^{n}\sum_{j=1}^{n}\frac{\partial^2 f}{\partial T_i\partial T_j}+\cdots \tag{3.5}$$

式（3.5）恒等，因此式（3.5）中的二阶以上的高阶偏导必须为零，有

$$\Delta T\equiv\Delta T\sum_{i=1}^{n}\frac{\partial f}{\partial T_i} \tag{3.6}$$

进一步，在等式两边消去 ΔT 项有

$$\sum_{i=1}^{n}\frac{\partial f}{\partial T_i}\equiv 1 \tag{3.7}$$

式（3.7）表明，函数 f 对自变量的各一阶偏导之和恒为 1，同时考虑到 f 二阶以上的高阶偏导为零，因此 f 必须是一个线性函数，且含有等式约束，即

$$T_{\mathrm{j}}=\sum_{i=1}^{n}a_iT_i+a_0 \quad \text{s.t.} \quad \sum_{i=1}^{n}a_i=1 \tag{3.8}$$

在绝缘管母电流为零的情况下式（3.8）也应成立，此时，导体各点温度均等于环境温度，则式（3.8）中的常数项 a_0 必然恒等于零，则式（3.8）可进一步修改为

$$T_{\mathrm{j}}=\sum_{i=1}^{n}a_iT_i \quad \text{s.t.} \quad \sum_{i=1}^{n}a_i=1 \tag{3.9}$$

式（3.9）即为轴向反演函数的拟合形式。该式表明：接头热点温度等于各特征点导体温度的线性组合，且各一次项系数之和等于 1。

2. 拟合样本集

用于函数拟合的温度数据样本集通过暂态温度场仿真获取，样本的选取主要考虑电流和接触电阻的影响。

下面先分析电流的影响。由于绕包型接头的传热类型为热传导，其温度场是严格线性的，场域内各点的温升都与电流的平方成正比，显然，只要在某一电流下导体温度满足式（3.9），则任意电流下的导体温度也自然满足式（3.9），因此本书仅进行额定电流下的暂态温度场仿真，用于提取导体温度数据构成拟合样本集。

接触电阻对轴向反演函数的影响较为复杂，绝缘管母接头的热源包括正常导体热源和接触电阻热源，因此导体上任意点的温度 T_i 也可以分解为两部分：

$$T_i=T_i'+T_i'' \tag{3.10}$$

式中，T_i' 为正常导体热源作用下的导体温度；T_i'' 为接触电阻热源作用下的导体温度。

假设只考虑正常导体热源，将相应的温度数据代入式（3.9）进行拟合得到的系数为 a_i'。类似地，只考虑接触电阻热源时拟合得到的系数为 a_i''，通常 $a_i'\neq a_i''$。显然同时考虑接触电阻热源和正常导体热源得到的拟合系数 a_i 应介于 a_i' 和 a_i'' 之间，当接触电阻很小时主要是正常导体热源起作用，此时 a_i 接近 a_i'，而接触电阻很大时则接触电阻热源占主导，此时 a_i 接近 a_i''。根据上述分析，轴向反演函数取决于接触电阻。

如果恰好 $a_i'=a_i''$，则可以得到统一的轴向反演函数，适用于任意接触电阻下的温度反演，事实上这种特殊情况是存在的：当接头与本体结构完全一致时，正常导体热源作用下导体各点的温度相等，因而 T_i' 自然满足式（3.9），即 a_i' 可为任意正数，显然，此时 a_i 仅取决于接触电阻热源，而与 a_i' 无关，因而有 $a_i=a_i'=a_i''$。

实际的绝缘管母接头当然不会与本体结构完全一致，但是绕包型接头能近似满足这一条件，其接头外径约 100 mm 略大于本体外径 80 mm，而接头内部导体的外径约 75 mm 略大于本体导体外径 60 mm，因此接头和本体的热阻是近似相等的。可想而知，对于绕

包型接头而言，可以建立统一的轴向反演函数，用于反演不同接触电阻下的接头热点温度。由于这一函数是近似统一的，严格地说，不同接触电阻下函数的待定系数 a_i 存在一定差异，为了使得综合的反演误差最小，训练样本中需要加入不同接触电阻的仿真结果。

综上所述，绕包型接头的拟合样本集获取步骤如下：

步骤 1：建立绕包型接头计算模型，设置接头初始温度和环境温度均为 25 ℃，复合对流换热系数 h_{com} 取为 12 W/（$m^2 \cdot K$），设置接头压接处的接触电阻系数 $k=1$，$t=0$ 时刻在绝缘管母中加载额定电流 1 250 A，仿真物理时长设为 10 h，开展暂态温度场仿真，每 5 min 提取一组导体暂态温度数据。

步骤 2：将接触电阻系数 k 依次设为 9、18、27 和 36，并重复步骤 1，将所有数据汇总构成拟合样本集。

3. 特征点位置和个数

为分析特征点位置和个数对导体轴向温度反演模型的影响，首先，引入量化指标以衡量模型的性能，拟合精度是首要考虑因素，可通过拟合优度 R^2 来进行描述，R^2 越接近于 1，则拟合精度越高；其次，需要考察的是模型的鲁棒性，因为导体轴向温度反演模型的输入量是本体径向温度反演模型的输出量，实际的输入量不可避免地存在误差，根据式（3.9），径向温度反演模型的误差 ΔT_i 将会被轴向温度反演模型放大 a_i 倍，显然 a_i 越大，模型的鲁棒性越差。为描述模型的鲁棒性，定义轴向温度反演模型的灵敏度系数 S_e：

$$S_e = \max_i(|a_i|) \tag{3.11}$$

根据式（3.11），灵敏度系数 S_e 为轴向反演函数中最大的一次项系数绝对值，显然 S_e 越大，模型抗扰动能力越差。

为优化特征点位置，选择本体导体上 5 个不同轴向位置的点进行分析，各测点距离接头端部分别为 0.2 m、0.3 m、0.45 m、0.7 m 和 2.2 m，简称测温点#1～#5，上述 5 个测点的导体温度基本呈递减的等差数列，比较具有代表性，如图 3.1 所示。

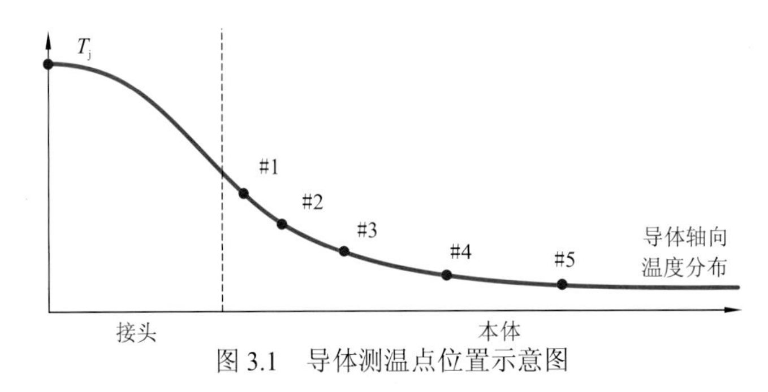

图 3.1　导体测温点位置示意图

根据式（3.9），当只选取一个测温点时，本体导体温度等于接头热点温度，这显然是错误的，这说明特征点至少要有两个。

下面分析多个测温点进行组合的情况，首先从 3.1.1 小节介绍的暂态温度场仿真中提取各测温点的温度数据，然后从中分别选取 2、3、4 和 5 个测温点，一共可以得到 26

种组合，依次对函数（3.9）进行拟合，不同测温点组合下的拟合优度 R^2 和灵敏度系数 S_e 汇总于表 3.1。表中，#123 代表测温点#1、#2 和#3 的组合，其余各组合也以此类推。

表 3.1　各测温点组合下轴向反演函数的拟合优度和灵敏度系数

测温点组合	拟合优度 R^2	灵敏度系数 S_e	测温点组合	拟合优度 R^2	灵敏度系数 S_e	测温点组合	拟合优度 R^2	灵敏度系数 S_e
#12	0.98	12.98	#45	0.93	14.44	#245	0.99	26.63
#13	0.98	6.76	#123	1.00	109.10	#345	0.99	52.10
#14	0.98	4.86	#124	1.00	52.83	#1234	1.00	316.07
#15	0.97	3.91	#125	1.00	30.84	#1235	1.00	223.33
#23	0.98	12.26	#134	1.00	43.98	#1245	1.00	106.20
#24	0.97	6.77	#135	1.00	18.42	#1345	1.00	102.04
#25	0.97	4.85	#145	0.99	18.47	#2345	1.00	183.05
#34	0.97	13.87	#234	1.00	83.24	#12345	1.00	185.79
#35	0.95	7.35	#235	0.99	35.02			

从表 3.1 中可见，所有组合的拟合优度均不小于 0.93，说明采用任意测温点进行组合都可满足函数拟合的要求，因此拟合精度并非影响导体轴向温度反演模型的主要因素。而不同组合下的灵敏度系数却存在巨大差异，从表 3.1 中可以发现两个规律：①随着测温点个数的增加，灵敏度系数呈明显的增长趋势，当测温点个数在 3 及以上时，灵敏度系数大于 18，有些甚至超过了 300，这表明即使轴向温度反演中仅存在 1 K 的误差，最终的整体反演误差也在 18 K 以上，因此为确保反演模型的鲁棒性，特征点有且只能有两个。②仅采用两个测温点的情况下，测温点相距越远，灵敏度系数越小，鲁棒性越好，测温点#1 和#5 进行组合的效果最好，对应的灵敏度系数 S_e 仅为 3.91，其中靠近接头的测温点反映了接头本身对热点温度的影响，而远离接头的测温点则反映了本体对热点温度的影响。下面对上述两个规律进行一定的解释。

首先分析第二个规律，即在两个测温点的情况下，一个测温点足够靠近接头，另一测温点充分远离接头时，灵敏度系数 S_e 最小。假设只有两个特征点，其对应的导体温度分别为 T_1 和 T_2，则轴向反演函数（3.9）可进一步简化成如下形式：

$$T_j = a_1 T_1 - (a_1 - 1) T_2 \tag{3.12}$$

可见，此时的灵敏度系数 $S_e = a_1$，式（3.12）经过整理可得

$$a_1 = \frac{T_j - T_2}{T_1 - T_2} \tag{3.13}$$

显然，要使得 a_1 尽量小，则要求式（3.13）分式中的分子尽量小，分母尽量大，而根据本体的温度分布规律，当特征点越靠近接头时温度越高，远离接头时温度越低，因此 T_1 靠近接头，而 T_2 远离接头时能获得最小的 a_1，此时灵敏度最低，鲁棒性最好。

下面再分析第一个规律，即当测温点个数在 3 及以上时，灵敏度系数很大，故特征点有且只能有两个。在稳态下，导体轴向各点的温度可以用等效热阻进行联系，如图 3.2

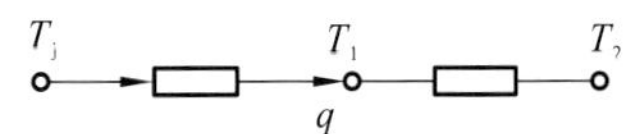

图 3.2 稳态下导体轴向等效热阻模型

所示，根据热流的连续性原理，利用两个特征点的导体温度 T_1 和 T_2 可以唯一地确定热点温度 T_j，即轴向反演中两个特征点是完备的。如果此时继续增加特征点，就会出现过拟合的现象，过拟合是一个统计学的概念，表示一个拟合模型对训练样本的拟合效果非常好，但是外推的泛化能力却很差。根据《剑桥统计学辞典》[137]，过拟合的模型包含多余的特征量，即特征存在冗余。对于轴向温度反演模型来说，两个特征点是刚好完备的，进一步增加特征点数量则会造成特征冗余，进而引起过拟合，导致模型的泛化能力下降。本质上说，过拟合是在训练过程中提取了噪声的信息，却误以为该噪声信息代表了实际模型，因此其训练效果异常好，但外推效果却很差。相反地，如果一个模型在拟合有效信息的同时没有过多地提取噪声，则称该算法是鲁棒的。

综上，在导体轴向温度反演模型中只需两个特征点 T_1 和 T_2，一个足够靠近接头，一个充分远离接头，本书选取的两个特征点距离接头端部分别为 0.2 m 和 2.2 m，如图 3.3 所示。对函数（3.12）进行拟合，结果如图 3.4 所示，从图中可见，随着接触电阻的增大，拟合误差略有增加，尤其体现在暂态温升阶段，这是因为热点温度的热量传递到本体需要一定时间，因此在温升初始阶段拟合结果明显偏低，但稳态下拟合误差均不超过 2 K，说明采用统一的轴向反演函数可以用于不同接触电阻下绕包型接头的反演，其对应的轴向反演函数为

$$T_j = 3.91T_1 - 2.91T_2 \tag{3.14}$$

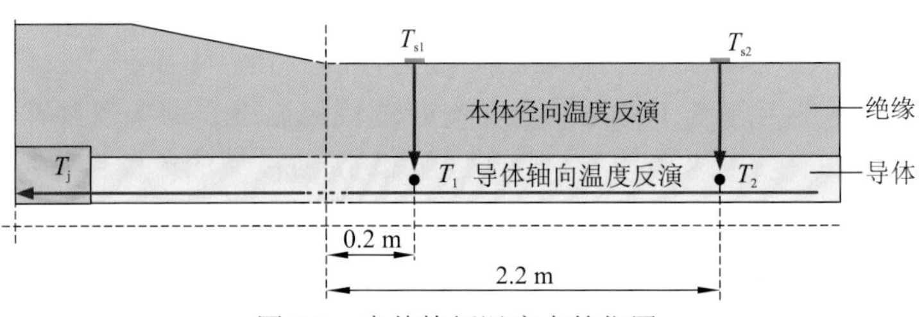

图 3.3 本体特征温度点的位置

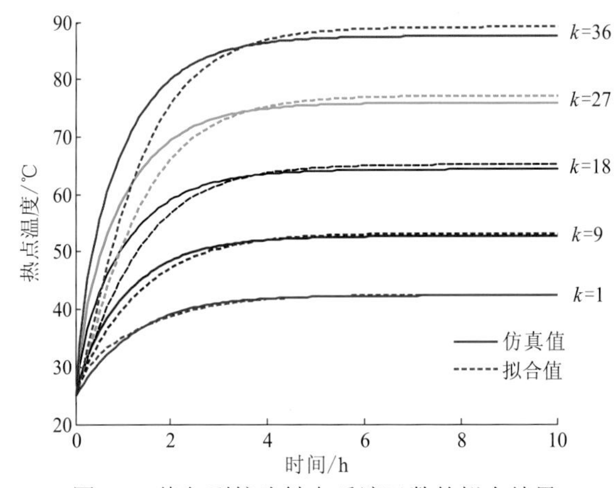

图 3.4 绕包型接头轴向反演函数的拟合结果

3.1.2　本体径向温度反演模型

1. 暂态热路模型的建立与求解

绝缘管母本体结构类似于电缆，可采用 IEC 60853-2：1989 推荐的 π 型等效热路模型[89]，根据表面温度计算对应导体温度，如图 3.5 所示，将每一层结构等效为由热阻和热容组成的 π 型支路，每层的热容被分为两部分并联在热阻两侧，热容值由分配系数 p_i 决定：

$$p_i = \frac{1}{2\ln\left(\frac{r_i}{r_{i-1}}\right)} - \frac{1}{\left(\frac{r_i}{r_{i-1}}\right)^2 - 1}$$
$$C_{\mathrm{n}i} = p_i \cdot C_i \tag{3.15}$$
$$C_{\mathrm{w}i} = (1 - p_i) \cdot C_i$$

式中，r_{i-1} 和 r_i 代表第 i 层支路的内外半径。

第 i 层支路的热阻 R_i 和热容 C_i 计算公式为

$$R_i = \frac{\ln\left(\frac{r_i}{r_{i-1}}\right)}{2\pi\lambda} \tag{3.16}$$
$$C_i = c\rho\pi(r_i^2 - r_{i-1}^2)$$

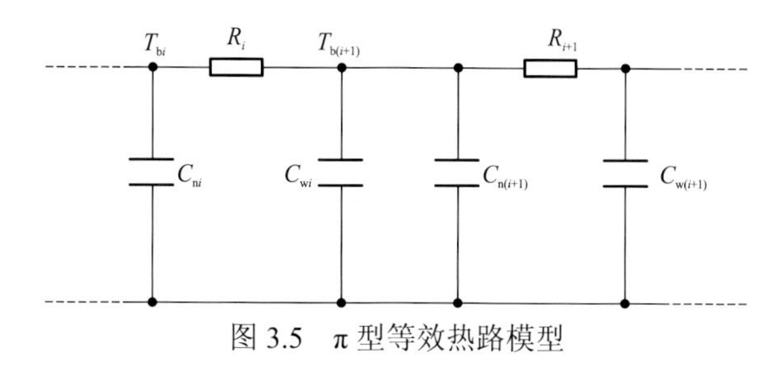

图 3.5　π 型等效热路模型

绝缘管母与电缆的主要区别在于其铜管导体内部存在空气，由于绝缘管母两端基本封闭，导体内的空气不会发生强迫对流，同时导体内壁在圆周方向上几乎是等温的，所以空气几乎不参与热传递。此外，空气密度极低，其对应的等效热容值也很小。综上可知，导体内部空气在热路模型中可直接忽略。

绝缘管母本体表面温度受外界环境影响，由于外界环境热容非常大，可将其等效为热动势，具体数值可由温度传感器监测数据得到。根据绝缘管母的各层结构，忽略导体和金属屏蔽层热阻，可以得到如图 3.6 所示的 π 型等效热路模型。

进一步地，将并联热容合并可以得到简化等效热路模型如图 3.7 所示，其中，P_{s} 和 T_{s} 分别为内部导体的热流量以及表面温度；R_i 和 C_i 分别为等效的热阻、热容；$T_{\mathrm{b}i}$ 为节点温度。

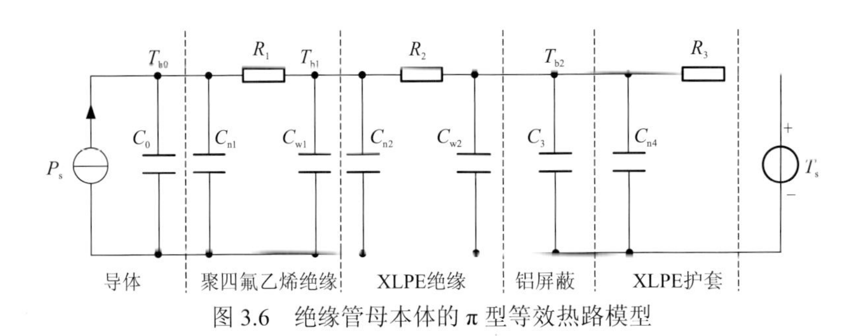

图 3.6　绝缘管母本体的 π 型等效热路模型

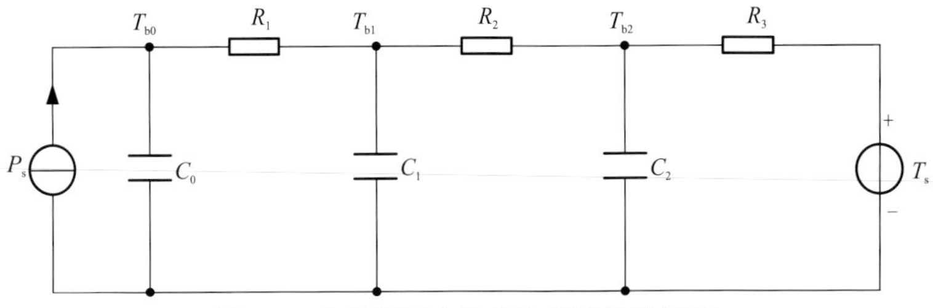

图 3.7　绝缘管母本体简化等效热路模型

根据表 2.1 的绝缘管母几何和热力学参数及式（3.15）和式（3.16）可确定模型中的热阻、热容参数，汇总如表 3.2 所示。

表 3.2　绝缘管母本体简化热路模型的热阻、热容参数

类别	热路参数					
	R_1/（K/W）	R_2/（K/W）	R_3/（K/W）	C_0/（J/W）	C_1/（J/W）	C_2/（J/W）
数值	0.039 7	0.073 2	0.047 8	2 876	1 567	2 312

为求解上述暂态热路模型，首先对负载电流进行近似处理。求解思路为：将任意激励源转化为多阶跃输入，每个采样周期内负载电流均视为单阶跃变化，初始条件由前一时刻确定，从而将负载电流近似为一系列连续单阶跃电流的组合，求解各时间段内各节点的温度，从而获得整个时段的温度变化。

上述问题的实质，就是求解热路模型的单阶跃暂态响应，可采用状态方程法进行求解，根据基尔霍夫电流定律（Kirchhoff current law，KCL）列写热路方程并整理可得

$$\begin{bmatrix} \dfrac{\mathrm{d}T_{b0}}{\mathrm{d}t} \\ \dfrac{\mathrm{d}T_{b1}}{\mathrm{d}t} \\ \dfrac{\mathrm{d}T_{b2}}{\mathrm{d}t} \end{bmatrix} = \begin{bmatrix} \dfrac{-1}{R_1C_0} & \dfrac{1}{R_1C_0} & 0 \\ \dfrac{1}{R_1C_1} & \dfrac{-(R_1+R_2)}{R_1R_2C_1} & \dfrac{1}{R_2C_1} \\ 0 & \dfrac{1}{R_2C_2} & \dfrac{-(R_2+R_3)}{R_2R_3C_2} \end{bmatrix} \begin{bmatrix} T_{b0} \\ T_{b1} \\ T_{b2} \end{bmatrix} + \begin{bmatrix} \dfrac{1}{C_0} & 0 \\ 0 & 0 \\ 0 & \dfrac{1}{R_3C_2} \end{bmatrix} \begin{bmatrix} P_s \\ T_s \end{bmatrix} \tag{3.17}$$

式中，热源 $P_s(t)$可由下式计算：

$$P_s(t) = I^2(t)R \tag{3.18}$$

将上述方程写为状态方程的一般形式：

$$\dot{\boldsymbol{T}} = \boldsymbol{AT} + \boldsymbol{BU} \tag{3.19}$$

式中，$\boldsymbol{T}$ 为三维状态向量，且 $\boldsymbol{T}(t)=[T_{b0}(t),\ T_{b1}(t),\ T_{b2}(t)]^{T}$，在热路模型中对应本体各个节点上的温度；$\dot{\boldsymbol{T}}$ 为 $\boldsymbol{T}$ 对时间的导数；$\boldsymbol{A}$ 和 $\boldsymbol{B}$ 均为实常系数矩阵；$\boldsymbol{U}$ 为输入列向量，$\boldsymbol{U}=[P_s(t), T_s(t)]^{T}$。

两边作拉普拉斯变换有

$$s\boldsymbol{T}(s) - \boldsymbol{T}(0_-) = \boldsymbol{AT}(s) + \boldsymbol{BU}(s) \tag{3.20}$$

式中，s 为复变量，整理可得

$$\boldsymbol{T}(s) = [s\boldsymbol{I} - \boldsymbol{A}]^{-1}[\boldsymbol{T}(0_-) + \boldsymbol{BU}(s)] \tag{3.21}$$

对式（3.21）进行拉普拉斯逆变换即可得到状态变量的时域表达式。由此，以负荷电流 $I(t)$和表面温度 $T_s(t)$作为输入量，可得到各个节点温度在时域上的变化。

2. 误差分析

径向温度反演的结果是轴向温度反演的输入量，在轴向温度反演过程中会将本体径向温度反演的误差成倍放大，因此要尽量减小径向温度反演误差。本体径向温度反演模型的输入量包括热流和表面温度，通过深入研究发现，上述两个输入量均存在着一定的理论误差，下面进行详细介绍。

（1）热流误差。

为分析热流误差，以额定电流下的暂态温度场仿真结果作为理论真值，提取距离接头端部 0.2 m 和 2.2 m 处的表面温度 T_{s1}、T_{s2} 以及导体温度 T_1、T_2，利用表面温度 T_{s1}、T_{s2} 和前述热路模型反演对应的导体温度，与仿真结果进行对比，不同接触电阻系数 k 下的结果如图 3.8 所示。从图中可见，远离接头的本体径向温度反演误差几乎为零，但靠近接头的特征点则存在明显的反演误差，且接触电阻越大，本体径向反演误差越大，且误差主要集中在稳态阶段。

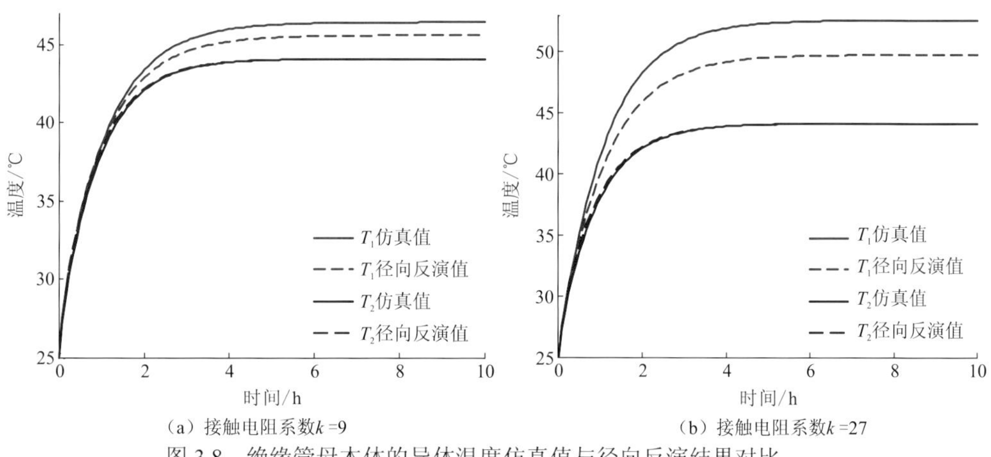

图 3.8　绝缘管母本体的导体温度仿真值与径向反演结果对比

出现上述现象的原因在于热流的误差。在前述的暂态热路模型中，热流仅考虑了本体导体的焦耳热，但实际上，由于接头部分温度更高，会有热流从接头“挤入”两侧的本体，越靠近接头，增加的热流就越大，如图 3.9 所示，从而导致接头附近的本体径向热流大于导体焦耳热流。因此，采用仅考虑本体导体焦耳热的热路模型必然导致反演结果偏小。

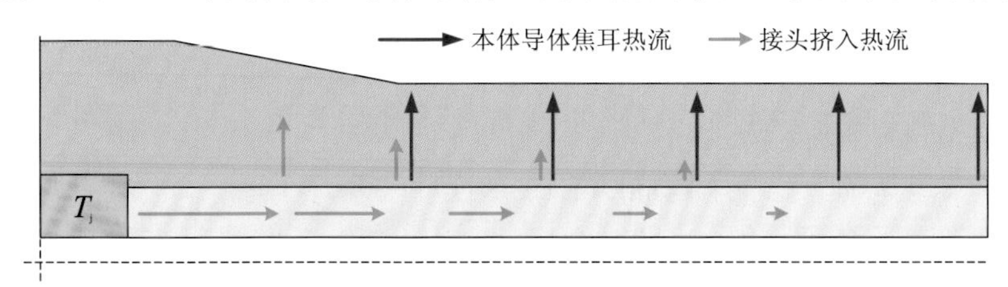

图 3.9　绝缘管母接头热流示意图

（2）表面温度测量误差。

在测量表面温度时，通常直接将温度传感器贴敷于绝缘管母外表面，传感器的温度同时受到管母表面温度和环境的影响，此时的温度测量值将介于实际表面温度和环境温度之间，从而引入了表面测温误差。下面通过温度场仿真进行具体说明。

仿真中采用圆柱体的铂丝温度传感器，其直径为 2.5 mm，长度为 20 mm。铂丝温度传感器主要由铂丝、氧化铝陶瓷以及金属护套组成[138]，由于铂丝和金属护套非常薄，在温度场仿真中可将整个传感器视为氧化铝陶瓷，其热导率为 36 W/（m·K）[129]。建立三维仿真模型如图 3.10 所示，绝缘管母总长度取为 3 m，绝缘管母表面与传感器相切以模拟贴敷状态。

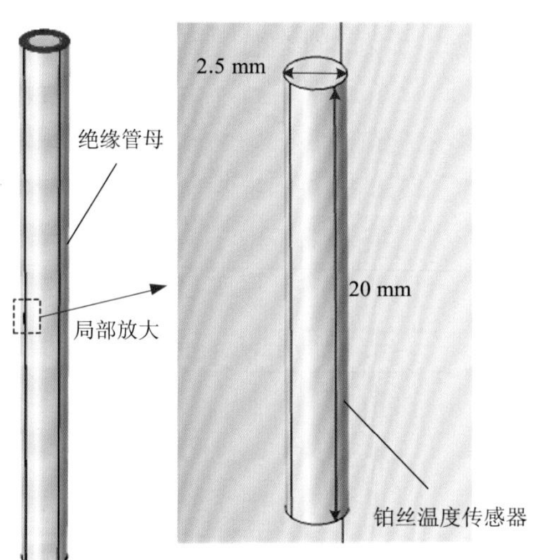

图 3.10　表面贴敷温度传感器的绝缘管母仿真模型

在仿真中设置环境温度为 25℃，复合对流换热系数为 12 W/（m^2·K），绝缘管母中通以额定电流 1 250 A，稳态下的温度分布如图 3.11 所示。传感器温度明显低于表面温度，绝缘管母的表面温度约 37.9℃，而传感器的温度仅 33.5℃，两者相差达 4.4 K。

产生上述现象的原因在于传感器同时与表面和空气接触，传感器一方面在吸收表面的热量，另一方面也在向周围空气散热，这等效于增加了绝缘管母表面的局部散热面积，从而造成传感器温度明显偏低。上述温度场分析考虑的是无外部强迫对流情况，显然，在刮风或下雨的条件下，传感器的局部散热还会加剧，测量值将会进一步降低。

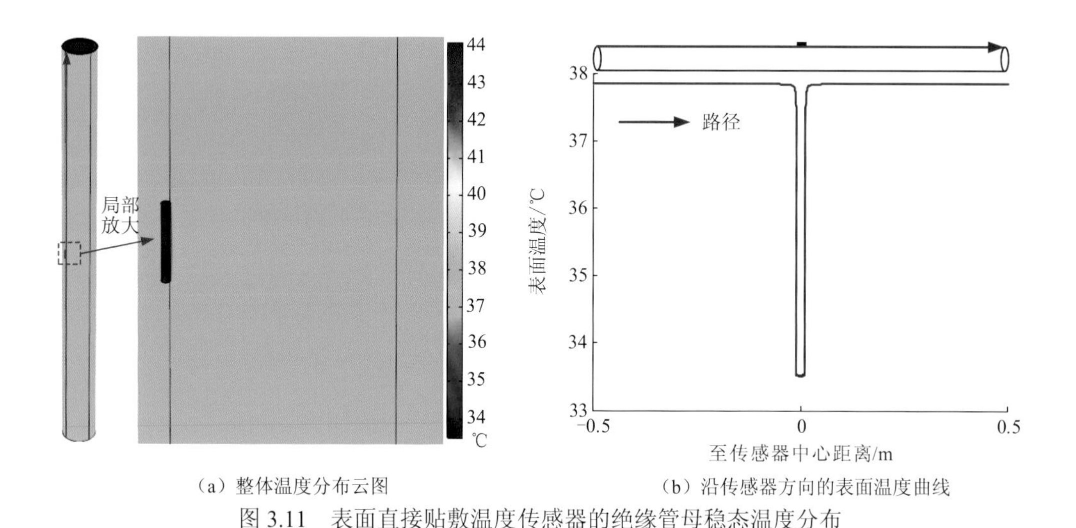

（a）整体温度分布云图　　（b）沿传感器方向的表面温度曲线

图 3.11　表面直接贴敷温度传感器的绝缘管母稳态温度分布

3. 径向温度反演模型的改进

根据前述分析，径向温度反演的误差来源于两方面：一方面是接头的存在，导致靠近接头的本体热流增大；另一方面，是温度传感器的介入，导致表面局部区域散热面积增大。上述两方面因素均使导体温度反演值偏低。

（1）隔热层包覆法。

针对上述问题，本书提出了一种改进的径向温度反演方法——采用高热阻的隔热层包覆温度传感器。一方面，利用隔热层的高热阻将热流挤入周围本体，以抑制来自接头的热流，如图 3.12 所示；另一方面，传感器的存在增大了散热面积，等效于减小了局部空气热阻，可利用隔热层的高热阻来补偿空气热阻的减小，如图 3.13 所示，使传感器的温度与实际表面温度一致。本书选用工程中常用的橡塑管保温材料作为隔热层，其热导率测量值为 0.043 W/（m·K），显然，隔热层的尺寸对传感器的温度有着决定性影响，太薄达不到抑制热流和补偿热阻的效果，太厚又会将传感器“焐热”。下面通过温度场仿真的方法对隔热层尺寸进行优化。

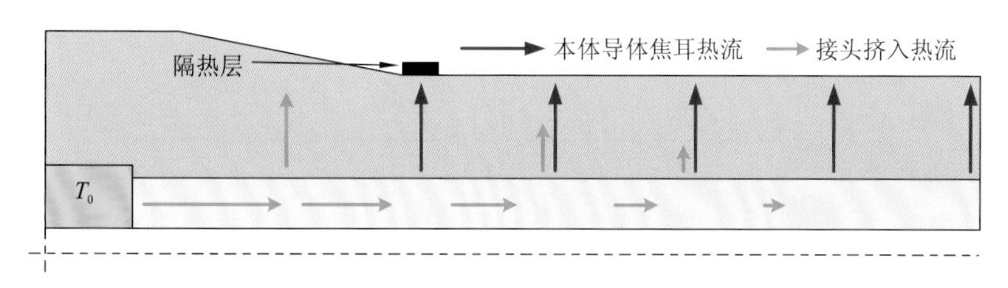

图 3.12　隔热层作用下绝缘管母接头热流示意图

①远离接头的本体特征点 T_2。

首先分析远离接头的本体特征点 T_2，该点距离接头端部 2.2 m，其温度场不受接头影响，在原仿真模型中增加一层隔热层即可，如图 3.14 所示，固定隔热层宽度为 3 cm，确保隔热层能完全覆盖传感器，不同隔热层厚度下传感器的温度如图 3.15 所示。从图中

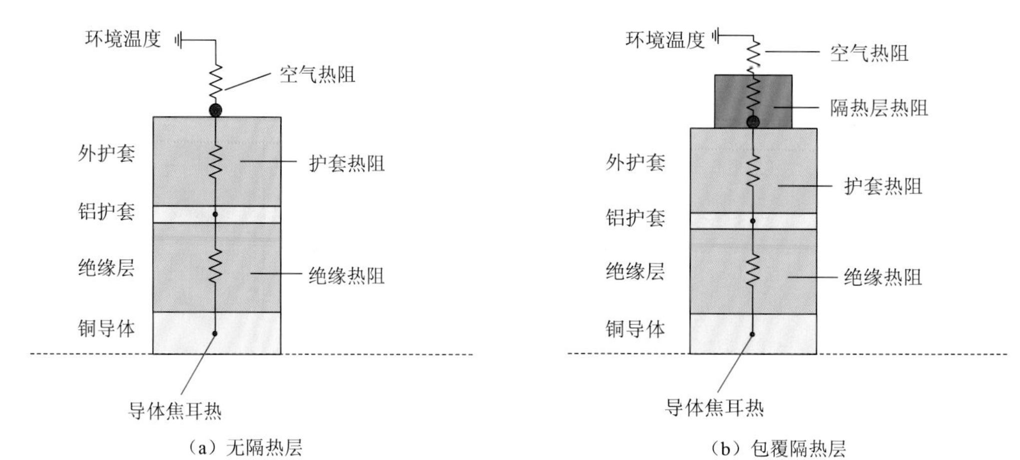

图 3.13　传感器贴敷时的绝缘管母本体局部热路模型

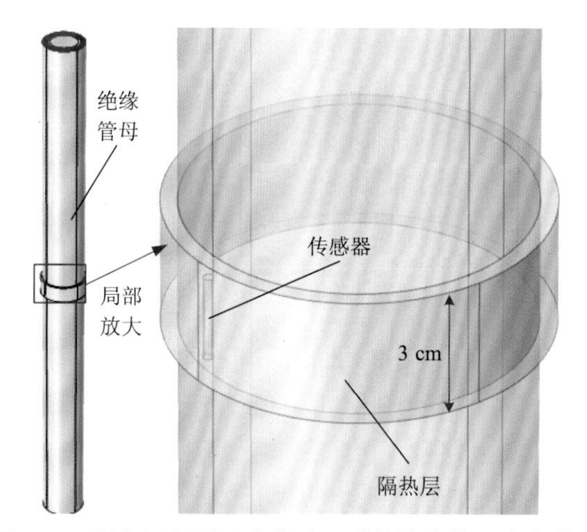

图 3.14　隔热层包覆温度传感器时的绝缘管母仿真模型

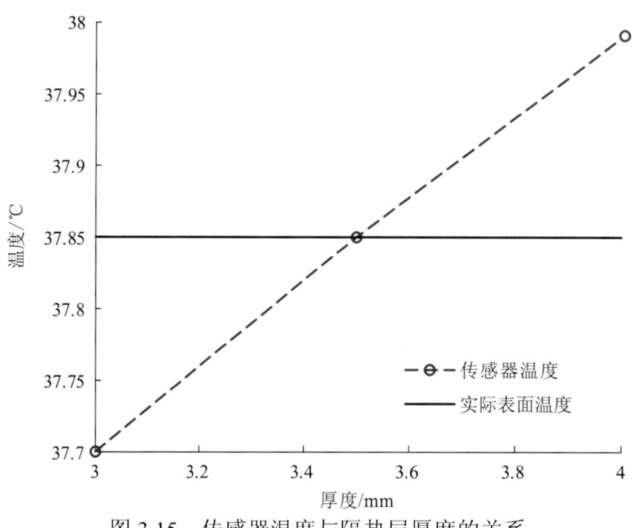

图 3.15　传感器温度与隔热层厚度的关系

可见，隔热层厚度在 3～4 mm，传感器的温度与表面温度偏差均在 0.15 K 以内，满足工程误差要求。本书选择 4 mm 作为隔热层的厚度，其温度场仿真结果如图 3.16 所示，可见，采用隔热层后表面温度的测量误差显著降低。

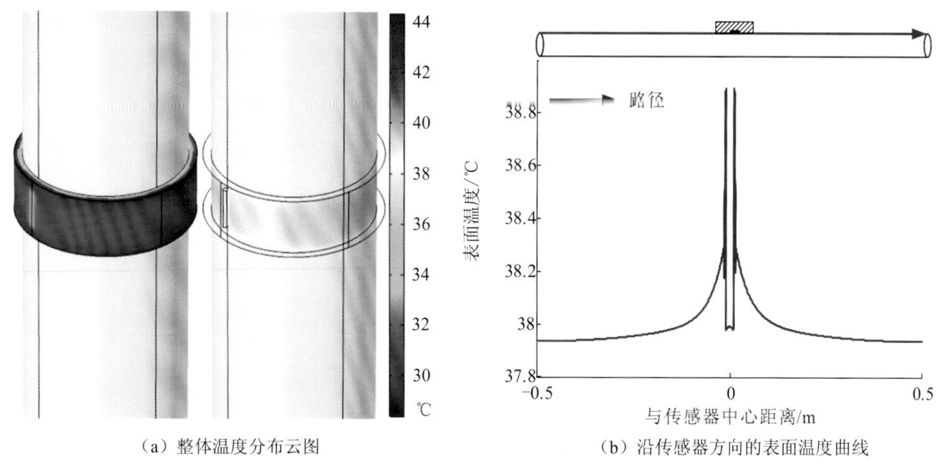

（a）整体温度分布云图　（b）沿传感器方向的表面温度曲线

图 3.16　隔热层包覆传感器时的绝缘管母稳态温度

隔热层增加了局部热阻，其存在势必会导致绝缘管母导体的温度升高，为了定量分析隔热层的影响，开展了温度场仿真分析，提取了包覆隔热层前后绝缘管母导体的轴向温度分布曲线如图 3.17 所示。从图中对比可见，隔热层的确会导致导体局部温度升高，且越靠近隔热层温度升高越明显，但升温的幅度很低，仅有不到 0.2 K，对于温度反演而言，这一误差几乎可以忽略不计。综上分析可知，采用宽 3 cm、厚 4 mm 的橡塑管包覆传感器，可以在不影响管母温度分布的前提下，确保特征点 T_2 的径向温度反演准确性。

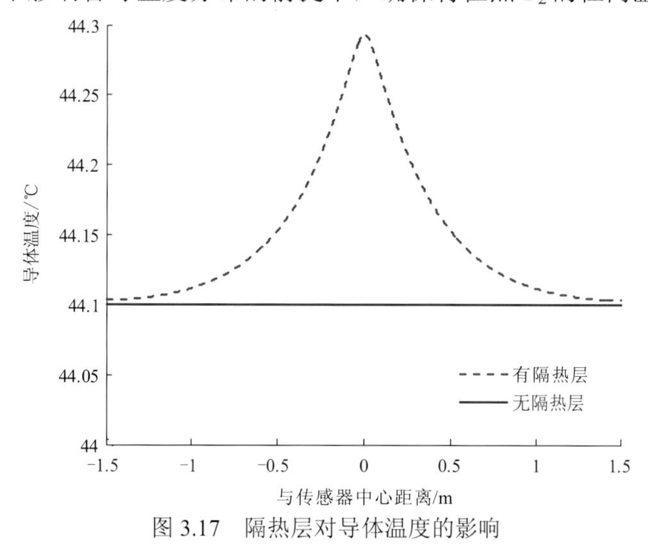

图 3.17　隔热层对导体温度的影响

②靠近接头的本体特征点 T_1。

与 T_2 不同，本体特征点 T_1 的温度受接头影响，因此需要建立包含接头在内的三维温度场仿真模型，如图 3.18 所示。固定隔热层宽度为 3 cm，由于接头接触电阻不同，对本体的温度影响也不一样，因此先根据正常接触电阻（k=9）的情况确定隔热层厚度，然后分析接触电阻增大后的反演误差。

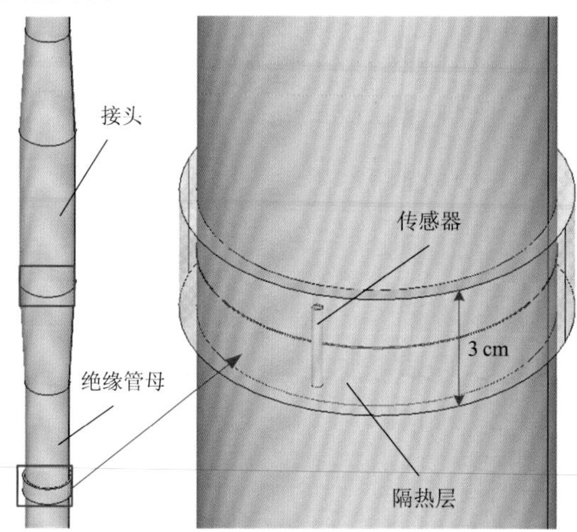

图 3.18　隔热层包覆温度传感器时的绕包型接头仿真模型

以传感器温度作为表面温度测量值，对导体温度 T_1 进行稳态反演，正常接触电阻（k=9）下径向温度反演误差与隔热层厚度关系如表 3.3 所示。随着隔热层厚度的增加，温度反演误差先减小后增大，当隔热层厚度为 8 mm 时反演误差不到 0.1 K，因此选定 T_1 处的隔热层厚度为 8 mm，其温度场仿真结果如图 3.19 所示。传感器与对应导体的温差为 6.30 K，而基于前述热路模型得到的导体与表面温差为 6.24 K，两者数值接近，表明包覆隔热层后 T_1 的径向温度反演精度有明显提高。

表 3.3　T_1 径向温度反演误差与隔热层厚度的关系（接触电阻系数 k = 9）

隔热层厚度/mm	T_1 径向温度反演误差/K
6	0.33
8	0.06
10	0.11

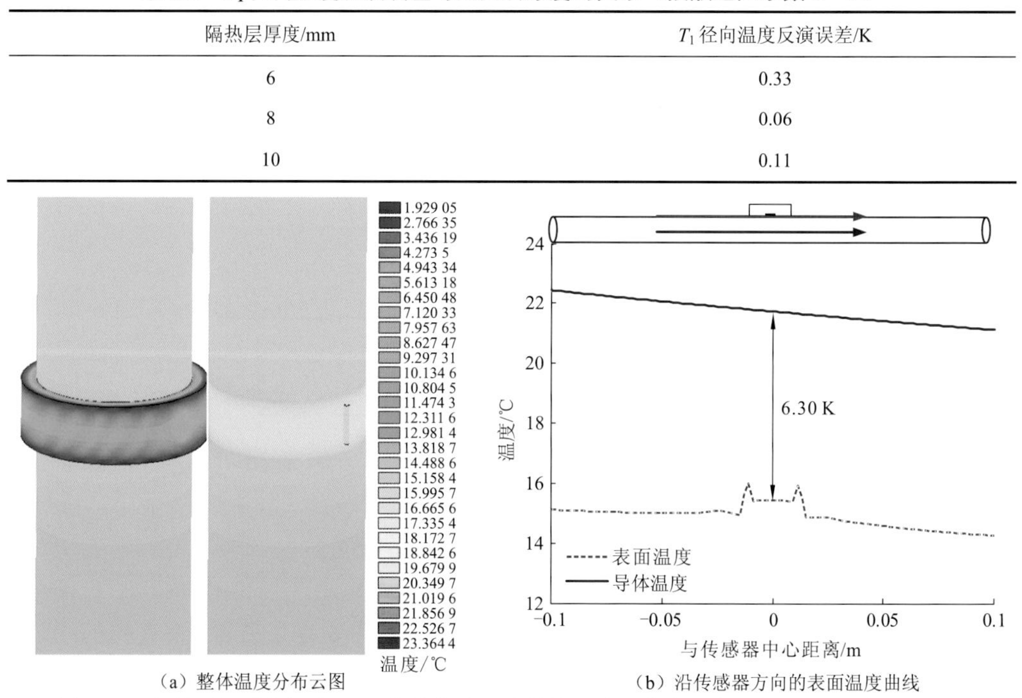

（a）整体温度分布云图　　（b）沿传感器方向的表面温度曲线

图 3.19　隔热层包覆特征点 T_1 处安装传感器时的绝缘管母稳态温度（接触电阻系数 k=9）

利用上述优化后的隔热层对特征点 T_1 进行径向温度反演，不同接触电阻下的反演误差如表 3.4 所示。由表可见，随着接触电阻的增大，T_1 径向温度反演误差会增大，当接触电阻系数 k 达到 36 时，径向温度反演误差甚至已经超 2.7 K，上述误差再经轴向温度反演进一步放大，最终反演误差将达到 10 K。

表 3.4　不同接触电阻下 T_1 径向温度反演误差

接触电阻系数	T_1 径向温度反演误差/K
18	0.95
27	1.84
36	2.74

（2）本体热流修正法。

由上述研究可以发现，隔热层包覆法能很好地解决正常接触电阻下的温度反演问题，但当接触电阻明显增大时，仍然存在较大的反演误差。事实上，本体径向热流与接触电阻之间存在着一一对应关系，若能建立两者间的函数关系，并确定实际接头中的接触电阻，就可以对 T_1 处的热流进行修正，从而减小接触电阻异常时的径向温度反演误差。

上述本体热流修正法的内容包括：①接触电阻与本体径向热流之间函数关系的建立。②实际接头接触电阻的辨识。前者较为容易实现，可通过稳态温度场仿真获取相关数据，然后进行函数拟合。主要困难在于如何辨识接头内的接触电阻。

热点温度与接触电阻密切相关，因此考虑根据热点温度的反演结果来辨识接触电阻。此外，当接头的温度场处于暂态变化过程中时，热点温度变化还与时间常数相关，这样就大大增加了接触电阻的辨识难度。综上，本书提出利用稳态下的热点温度反演结果来表征接触电阻：假设在理想情况下，导体负荷电流为 I，无风雨和日照，环境温度稳定为 T_∞，此时接头导体温度的反演值为 T_{jf}，则定义接头等效热阻 R_j 为

$$R_j=\frac{T_{jf}-T_\infty}{I^2R} \tag{3.22}$$

显然，在接头结构固定的条件下，R_j 可以唯一地确定接触电阻，因此采用 R_j 来表征接触电阻是合理的。

事实上，R_j 的获取也是容易和可行的。通过观察典型日负荷曲线可知[139]，在傍晚 6 点至第二天早上 6 点这个时间段，几乎总有一段时间负荷较为稳定，同时，夜晚时分没有日照的影响，如果环境温度波动不大，可认为风雨的影响也较小，若导体温度也较为稳定，则有理由认为接头达到了热稳态。在本书中，假定某一段时间 Δt 内（$\Delta t\geqslant 2$ h），负荷 I 波动不超过 10%，环境温度 T_∞ 和接头导体温度反演值 T_{jf} 波动不超过 0.5 K，则认为接头温度达到了稳态，此时接头等效热阻计算公式如下：

$$R_j=\frac{\overline{T}_{jf}-\overline{T}_\infty}{\overline{I}^2R} \tag{3.23}$$

式中，物理量上方的横线表示其在 Δt 内的平均值。

为表征接头对 T_1 处径向热流的影响，定义热流修正系数 m 为稳态下 T_1 处的热流密度 q_1 与不受接头影响的本体径向热流密度 q_0 之比，通过接头的稳态温度场仿真得到 R_j 与 m 的关系如图 3.20 所示，两者呈严格的线性关系，拟合函数为

$$m = 0.4766R_j + 0.6676 \tag{3.24}$$

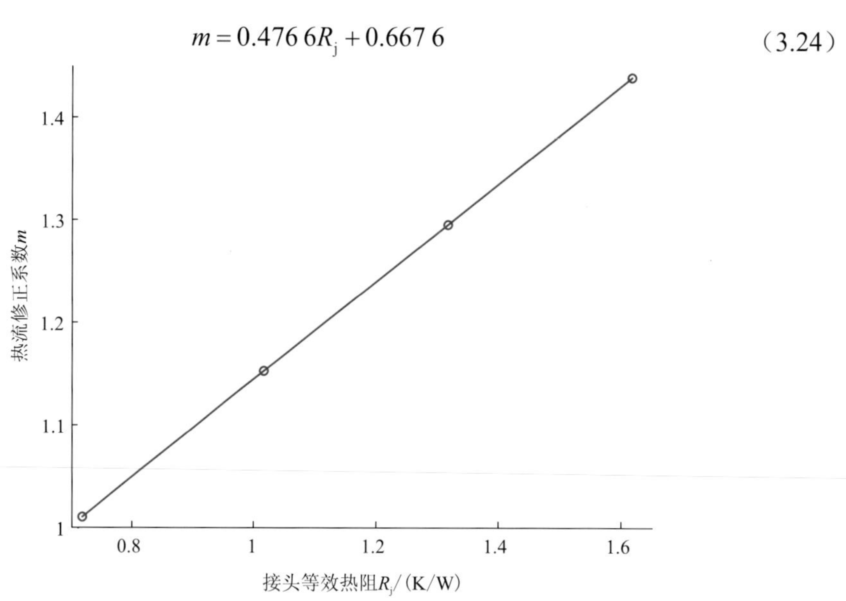

图 3.20　绕包型接头的热流修正系数 m 与接头等效热阻 R_j 的关系

在辨识出接头等效热阻 R_j 后，将其代入式（3.24）得到 m，即可对 T_1 处的热流进行修正。但由于实际热点温度 T_j 未知，前述 R_j 的辨识利用的是热点温度反演值 T_{jf}，其径向热流没有得到修正，初始的 R_j 会偏低，对应的 m 也会偏低，因此需要进行反复迭代计算，直到收敛为止，如图 3.21 所示。

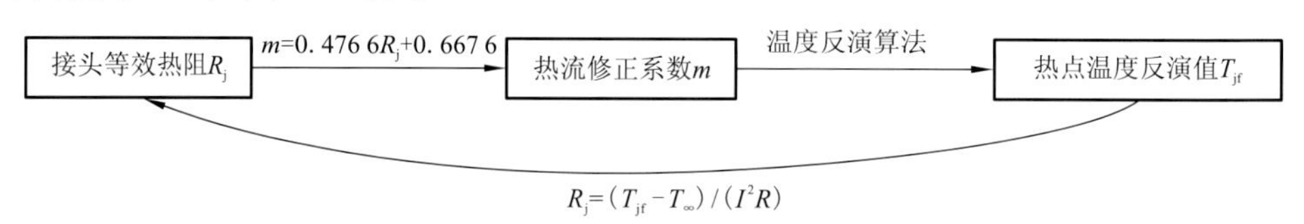

图 3.21　绕包型接头等效热阻 R_j 和热流修正系数 m 的迭代关系

需要指出的是，只有在接触电阻较大的情况下才需要对径向热流进行修正。当接触电阻较小时，如表 3.4 中 $k \leqslant 18$，径向温度反演引入的误差不到 1 K，即使不修正也不会引入太大误差，如果此时进行修正，测量误差或局部热扰动等反而会导致热流修正系数 m 更加偏离实际值。当接触电阻足够大时，测量误差或局部热扰动不足以影响修正系数 m，其修正结果可信度更高。本书规定，只有当接头等效热阻 $R_j > 0.8$ K/W 时，才对 T_1 处的本体径向热流进行修正。

3.1.3　组合温度反演模型

综合前述两节的分析，可对绕包型接头的热点温度进行组合反演，如图 3.22 所示，下面对其反演实现步骤进行总结。

步骤 1：反演模型的建立。

本体径向温度反演模型：根据管母本体的结构和热力学参数建立暂态热路模型；将

特征点 T_1 和 T_2 分别布置在靠近接头和远离接头的本体上，本书中两个特征点距离接头端部分别为 0.2 m 和 2.2 m；通过温度场仿真优化传感器外包隔热层的尺寸，本书中隔热层的宽度均为 3 cm，特征点 T_1 处厚度为 8 mm，特征点 T_2 处厚度为 4 mm；对不同接触电阻下的接头温度场进行仿真，提取相应的接头等效热阻 R_j 和热流修正系数 m，建立两者间的函数关系，即为前述式（3.24）。

导体轴向温度反演模型：建立包含隔热层的绕包型接头仿真模型，开展单阶跃额定电流下的暂态温度场仿真，提取接头热点温度 T_j 以及特征点导体温度 T_1 和 T_2 的暂态温升数据，以此作为训练样本对函数（3.12）进行拟合，得到的轴向反演函数如下：

$$T_j = 3.67T_1 - 2.67T_2 \tag{3.25}$$

步骤 2：热点温度的实时反演。

本体径向温度反演：利用传感器实时监测管母表面温度 T_{s1} 和 T_{s2} 以及负荷电流 I，基于暂态热路模型实时计算特征点导体温度 T_1 和 T_2；

导体轴向温度反演：将前述得到的 T_1 和 T_2 代入式（3.25）中，得到热点温度反演值 T_{jf}；

修正参数迭代计算：若某一时间段内温度场达到稳态，则利用式（3.23）计算接头等效热阻 R_j，然后根据式（3.24）确定热流修正系数 m，在 T_1 对应的暂态热路模型中，将热流乘 m 重新对热点温度反演值 T_{jf} 进行反演，进一步修正 R_j，以此类推，按照图 3.21 中的步骤反复迭代，确定模型最终的 R_j 和 m；

修正判断：若 $R_j > 0.8$ K/W，则对本体径向温度反演进行修正，即在 T_1 对应的暂态热路模型中将热流乘 m，否则不予以修正。

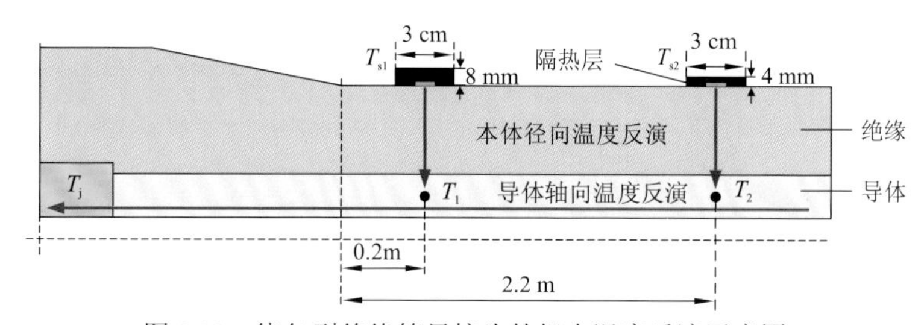

图 3.22　绕包型绝缘管母接头的组合温度反演示意图

3.2　屏蔽筒接头热点温度反演模型

本章前面的研究均是以绕包型接头为对象展开的，事实上本书提出的组合反演思路也同样适用于屏蔽筒接头，但屏蔽筒接头与绕包型接头在结构及传热机制方面存在差异，这对导体轴向温度反演模型可能会有影响，因此有必要根据屏蔽筒接头的自身特点，对反演模型进行相应的修正。

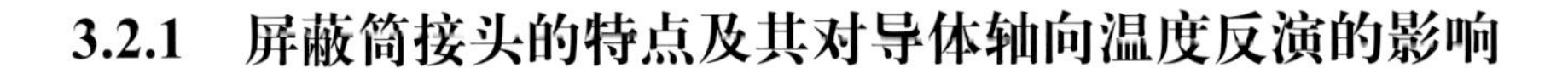

3.2.1 屏蔽筒接头的特点及其对导体轴向温度反演的影响

1. 接头与本体的显著性差异

在 3.1.1 节中曾分析过，绕包型接头之所以能采用统一的轴向反演函数，是因为其接头与本体的结构近似相同，因而在不考虑接触电阻的情况下，导体轴向各点上的温度近似相等，反演函数仅取决于接触电阻热源，而与本体热源无关。

然而屏蔽筒接头与本体存在着显著性差异，屏蔽筒接头外径近似为本体外径的 2.5 倍，且两者传热机制不同，即使没有接触电阻，接头内部的导体温度也不同于本体内的导体温度，因此屏蔽筒接头的轴向温度反演模型将无法采用统一的函数。为了进一步说明这一点，下面采用与绕包型接头相同的分析方法对屏蔽筒接头的轴向反演函数进行拟合，得到统一的轴向反演函数如下：

$$T_{\mathrm{j}} = 4.25T_1 - 3.25T_2 \tag{3.26}$$

拟合结果如图 3.23 所示，可见，拟合结果的确不理想，最大稳态误差超过了 5 K，表明屏蔽筒接头无法利用统一的轴向反演函数实现不同接触电阻下的热点温度反演，与前述的理论分析是一致的。

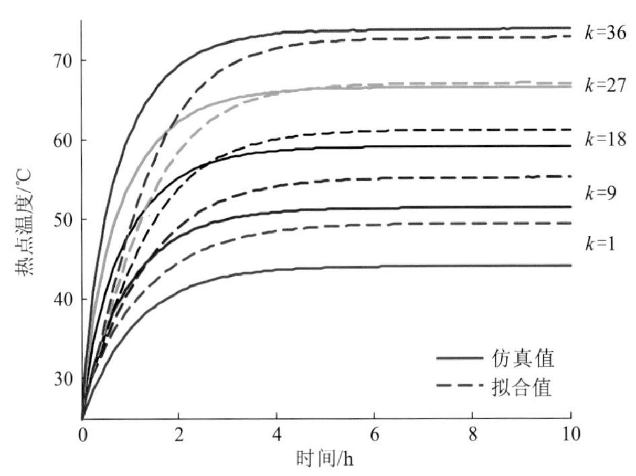

图 3.23　统一模型下屏蔽筒接头轴向反演函数的拟合结果

既然轴向反演函数与接触电阻相关，可参照 3.1.2 节中本体热流修正的方法，通过温度场仿真建立接头等效热阻 R_{j} 与式（3.12）中轴向反演系数 a_1 之间的函数关系，进而利用实际接头的 R_{j} 辨识值来确定轴向反演函数。

通过不同接触电阻下的温度场仿真数据得到 a_1 与 R_{j} 的关系如图 3.24 所示，两者近似呈幂函数关系。随着接触电阻的增大，轴向反演系数 a_1 逐渐增大，但存在饱和趋势，说明接触电阻较大时，反演函数是近似统一的，而接触电阻较小时轴向反演系数 a_1 甚至为负数，可见不同接触电阻对应的轴向温度反演模型差异显著，拟合得到 a_1 与 R_{j} 的函数关系式如下：

$$a_1 = 4.93 - 0.69R_{\mathrm{j}}^{-2.92} \tag{3.27}$$

根据式（3.27）利用接头等效热阻 R_j 可以确定轴向反演系数 a_1，而 R_j 的辨识利用的是热点温度反演值 T_{jf}，T_{jf} 又取决于轴向反演系数 a_1，因此需要进行反复迭代计算，直到收敛为止，如图 3.25 所示。需要指出的是，屏蔽筒接头 R_j 的辨识至少要在额定电流 50%的情况下进行，因为根据后续图 3.27 的分析，屏蔽筒接头的等效热阻存在一定的非线性，当电流从额定值下降 50%时，其等效热阻 R_j 会增加约 10%，而式（3.27）是在额定工况下拟合得到的，因此为确保轴向反演系数的准确性，宜在 50%以上额定电流的工况下对 R_j 进行辨识。

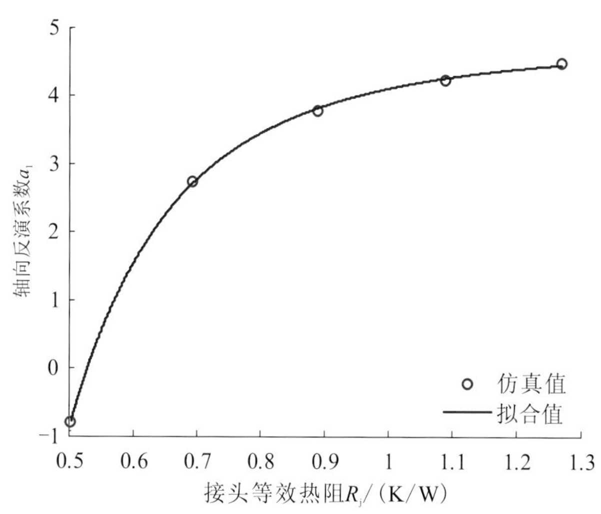

图 3.24　轴向反演系数 a_1 与屏蔽筒接头等效热阻 R_j 的关系

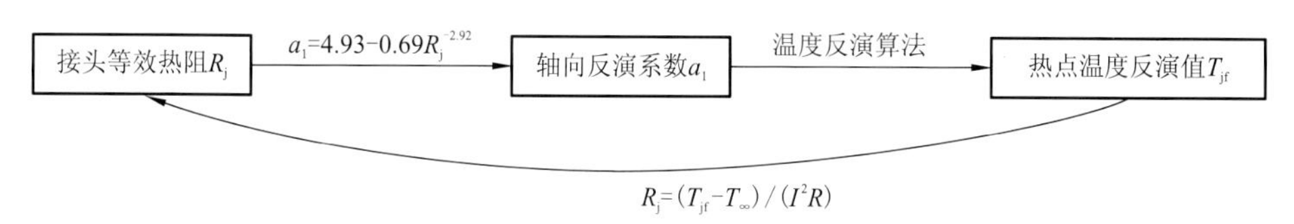

图 3.25　屏蔽筒接头等效热阻 R_j 和轴向反演系数 a_1 的迭代关系

2. 接头热阻的弱非线性

对流和辐射换热具有强烈的非线性，其中，对流换热量与内外壳温差的 1/4 次方成正比，而辐射换热量与温度的 4 次方成正比，因此随着导体热功率的增加或环境温度的升高，接头的等效热阻均会减小。

以 2.4.1 节中的简单同轴圆柱模型为例，通过温度场仿真分析，得到不同电流及环境温度下的内外壳温差，再除以导体热功率即为其对应的等效热阻。以环境温度 25℃、电流 380 A 为基准，当电流和环境温度变化时，其等效热阻的相对变化如图 3.26 所示。从图中可见，当电流变化 2 倍时，等效热阻的变化幅度基本在 20%～30%之间；当环境温度变化 25 K 时，等效热阻变化幅度在 10%以上，可见在纯对流-辐射换热模型中，等效热阻具有很强的非线性。

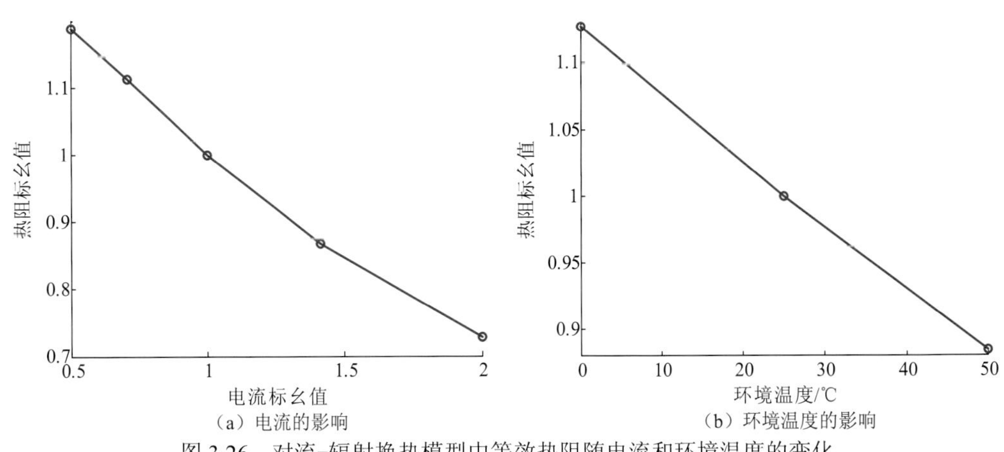

图 3.26 对流-辐射换热模型中等效热阻随电流和环境温度的变化

下面分析屏蔽筒接头的等效热阻，设置不同的电流及环境温度进行温度场仿真，进一步根据式（3.23）可计算接头的等效热阻 R_j，以环境温度 25 ℃、电流 1 250 A 为基准，得到 R_j 随电流和环境温度的变化如图 3.27 所示。当电流变化 2 倍时，屏蔽筒等效热阻仅改变了 10%～15%，而当环境温度变化 25 K 时，R_j 的变化仅为 6%。对比前述纯对流-辐射换热的小模型，屏蔽筒接头的热阻非线性程度大为降低，这主要是因为接头热阻中并联了导体热阻，而导体热阻较小，起到了类似于“稳压”的作用，因此热阻的非线性显著降低。

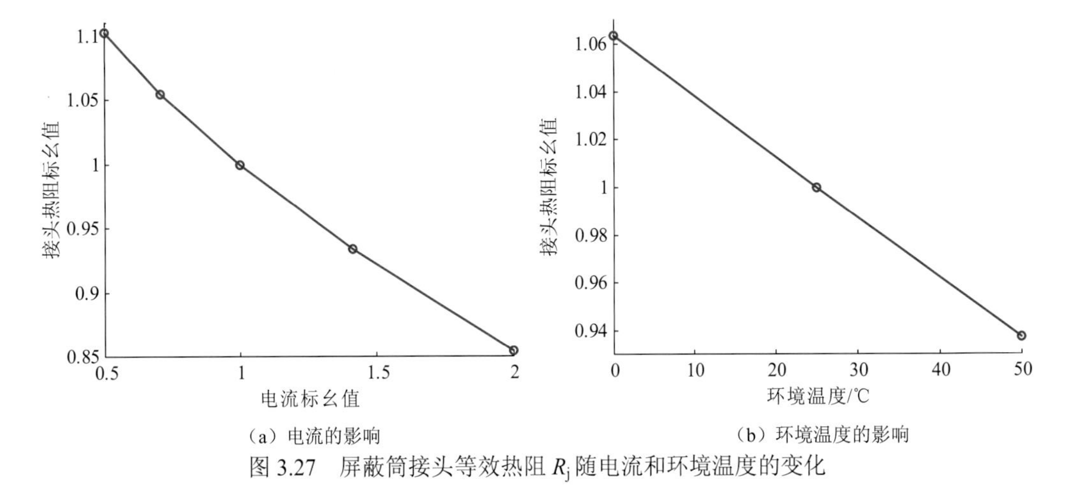

图 3.27 屏蔽筒接头等效热阻 R_j 随电流和环境温度的变化

严格地说，为考虑屏蔽筒接头热阻的非线性特性，应在轴向反演的拟合样本集中加入不同电流及环境温度的仿真数据，但由于其非线性程度较弱，如果电流及环境温度对轴向反演的影响较小，拟合样本集也可仅考虑单一电流及环境温度的情况，从而简化问题。

假设在屏蔽筒接头暂态温度场仿真中，环境温度设为 25 ℃，单阶跃电流为额定电流 1 250 A，接头接触电阻系数 $k=9$，提取其导体温度数据作为训练样本建立轴向反演函数。进一步开展不同电流和环境温度下的暂态温度场仿真，提取特征点导体温度数据，代入前述轴向反演函数中直接进行轴向反演，如图 3.28 所示，可见不同电流和环境温度下的轴向反演效果均较理想，说明屏蔽筒接头热阻的弱非线性对轴向反演影响不大，拟合样本集只需考虑环境温度 25 ℃下的额定电流工况即可。

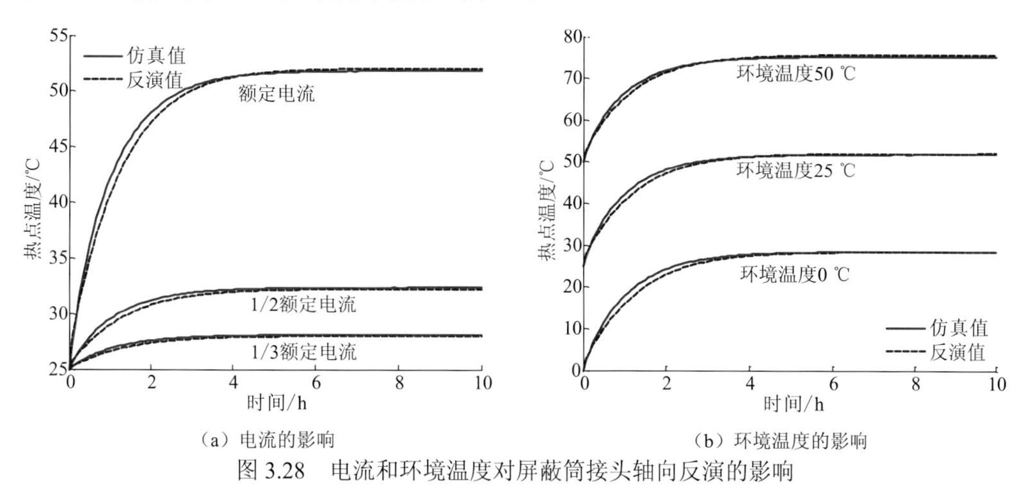

（a）电流的影响　　（b）环境温度的影响

图 3.28　电流和环境温度对屏蔽筒接头轴向反演的影响

3.2.2　组合温度反演模型

前两节对屏蔽筒接头的导体轴向温度反演模型进行了修正，其本体径向温度反演模型的建模思路与绕包型接头一样，因此可对屏蔽筒接头的热点温度进行组合反演。下面对其反演实现步骤进行总结。

步骤 1：反演模型的建立。

本体径向温度反演模型：根据管母本体的结构和热力学参数建立暂态热路模型；将特征点 T_1 和 T_2 分别布置在靠近接头和远离接头的本体上，本书中两个特征点距离接头端部分别为 0.2 m 和 2.2 m；通过温度场仿真优化传感器外包隔热层的尺寸，本书中隔热层的宽度均为 3 cm，特征点 T_1 处厚度为 8 mm，特征点 T_2 处厚度为 4 mm；对不同接触电阻下的接头温度场进行仿真，提取相应的接头等效热阻 R_j 和热流修正系数 m，两者关系如图 3.29 所示，建立两者间的函数关系如下：

$$m = 0.318\,4R_j + 0.763\,2 \tag{3.28}$$

导体轴向温度反演模型：建立包含隔热层的屏蔽筒接头仿真模型，开展不同接触电阻下的单阶跃额定电流暂态温度场仿真，提取接头热点温度 T_j 以及特征点导体温度 T_1 和 T_2 的暂态温升数据，以此为训练样本对函数（3.12）进行拟合，得到不同接触电阻下的轴向反演系数 a_1，进一步建立接头等效热阻 R_j 与轴向反演系数 a_1 之间的函数关系（3.27）。

步骤 2：热点温度的实时反演。

本体径向温度反演：利用传感器实时监测管母表面温度 T_{s1} 和 T_{s2} 以及负荷电流 I，基于暂态热路模型实时计算特征点导体温度 T_1 和 T_2。

导体轴向温度反演：将前述得到的 T_1 和 T_2 代入统一的轴向反演函数（3.26）中，得到热点温度反演值 T_{jf}。

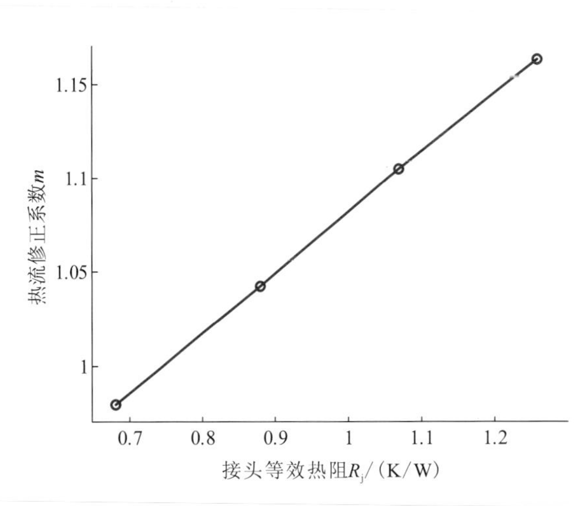

图 3.29 屏蔽筒接头的接头等效热阻 R_j 与热流修正系数 m 的关系

修正系数迭代计算：若某一时间段内温度场达到稳态，则利用式（3.22）计算接头等效热阻 R_j，然后根据式（3.28）确定热流修正系数 m，在 T_1 对应的暂态热路模型中将热流乘 m 重新计算 T_1，并根据式（3.27）确定轴向反演系数 a_1，将重新计算的 T_1 和 T_2 代入新的轴向反演函数，得到热点温度反演值 T_{jf}，进一步修正 R_j，以此类推，反复迭代，如图 3.30 所示，确定模型最终的 R_j、m 和 a_1。

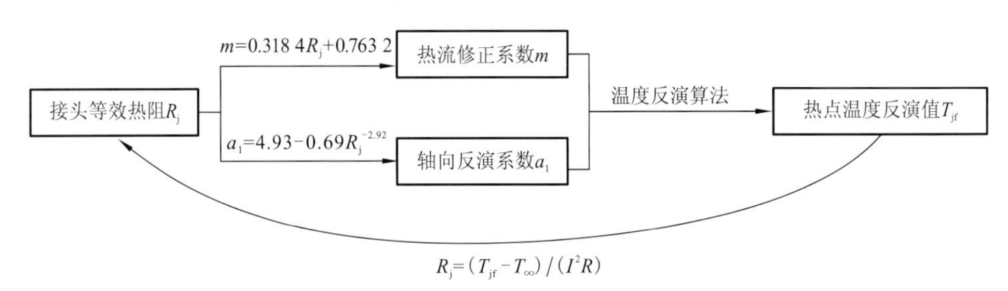

图 3.30 屏蔽筒接头等效热阻 R_j 和热流修正系数 m 与轴向反演系数 a_1 的迭代关系

修正判断：若 R_j>0.8 K/W，则对本体径向温度反演进行修正，即在 T_1 对应的暂态热路模型中将热流乘 m，否则不予以修正。

3.3 绝缘管母接头组合温度反演模型的仿真验证

3.3.1 绕包型接头反演效果的仿真验证

本节将采用三维暂态温度场仿真模拟温升试验，在仿真模型中建立温度传感器与隔热层，利用仿真中传感器的温度和负荷电流对接头热点温度进行组合反演，并与热点温度仿真值进行对比，来论证反演算法的理论可行性。

1. 负荷波动的影响

实际运行中绝缘管母的负荷电流是不断变化的，首先分析负荷波动对温度反演的影响。在仿真中设置环境温度和接头的初始温度均为 25 ℃，复合对流换热系数为 12 W/（m^2·K），接触电阻系数 k=9，通过加载多阶跃电流的方式模拟负荷波动，电流随时间的变化如图 3.31 所示。共持续 24 h，前 10 h 施加额定电流负荷，用来分析稳态情况下的反演误差，后 14 h 加载波动电流，以模拟负荷波动的情况，其阶跃性的负荷波动对算法的考察更为严格。

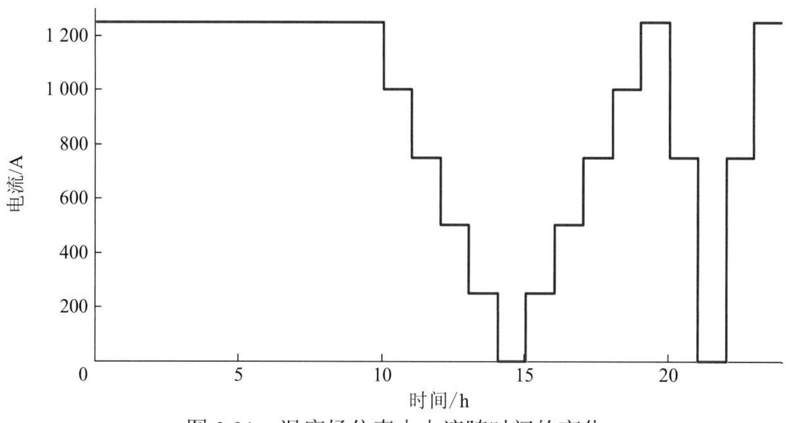

图 3.31　温度场仿真中电流随时间的变化

热点温度反演值与仿真值的对比如图 3.32 所示，可见，温度反演结果具有良好的跟随性，反演值基本围绕着仿真值上下波动，算法能很好地克服负荷波动的影响，额定电流下的稳态误差约为 0.9 K，最大反演误差不到 2 K，出现在电流阶跃变化的阶段，整体反演精度很高。

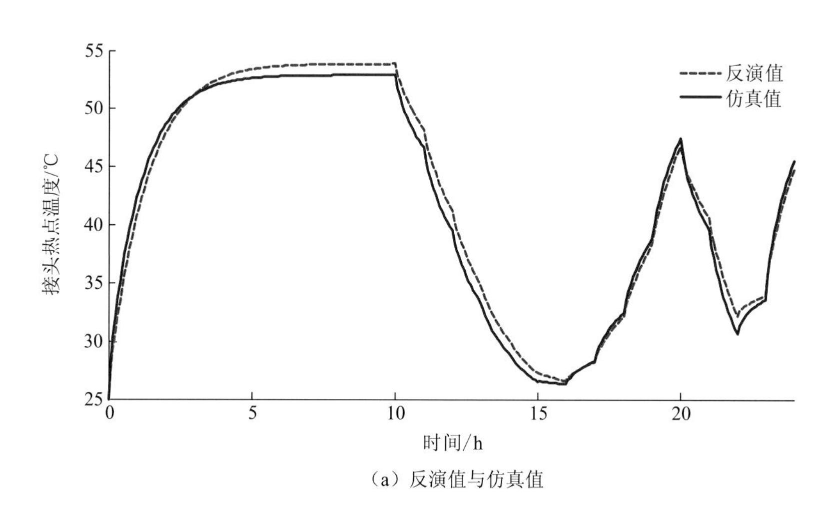

（a）反演值与仿真值

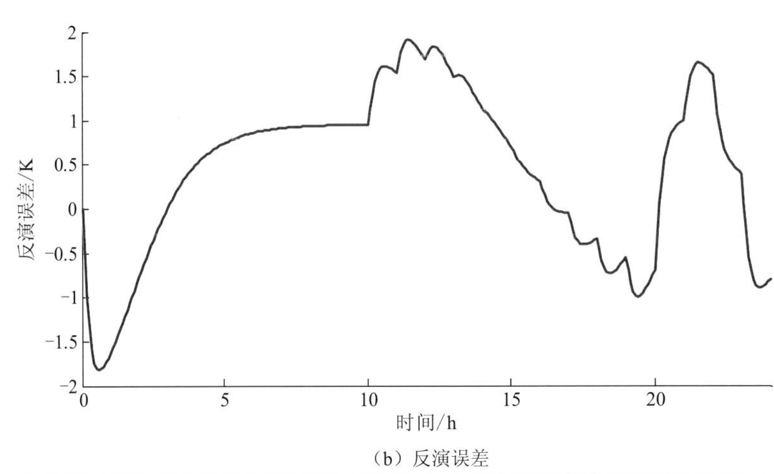

（b）反演误差

图 3.32　负荷波动下绕包型接头热点温度反演值与仿真值的对比（k=9）

2. 接触电阻的影响

为考虑接触电阻的影响，将接触电阻系数 k 设置为 27，其余仿真条件与前述相同。热点温度反演值与仿真值的对比如图 3.33 所示，稳态反演误差约 2.4 K，在电流阶跃的暂态过程中误差稍大，约为 6 K，这是因为热点温度向两侧本体散热需要时间，在电流阶跃的初始阶段，特征点 T_1 处的温度还无法反映接触电阻的影响，所以反演误差偏大，随着时间的推移，T_1 处的导体温度受到热点温度的显著影响，反演误差会逐渐减小。在实际运行中，绝缘管母的负荷电流几乎不会出现大幅度的阶跃变化，因而实际的暂态反演的误差通常更低。整体而言，温度反演值的跟随性良好，算法能很好地克服接触电阻不确定性的影响，温度反演效果较好。

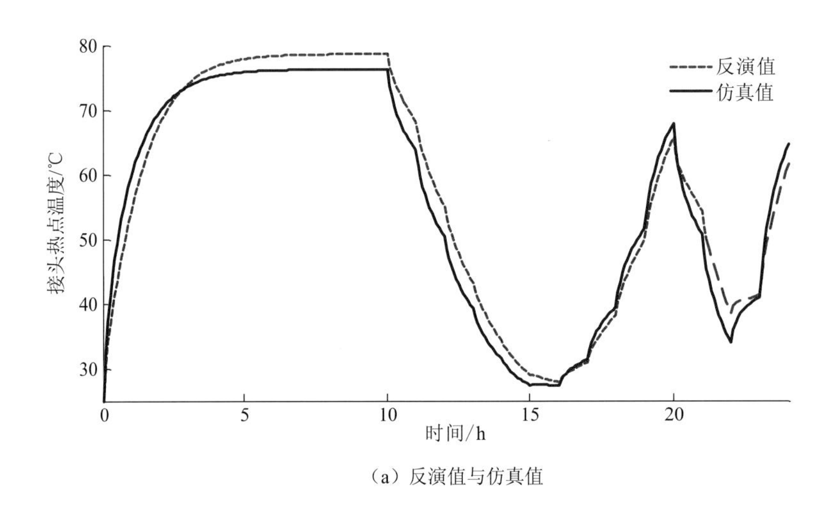

（a）反演值与仿真值

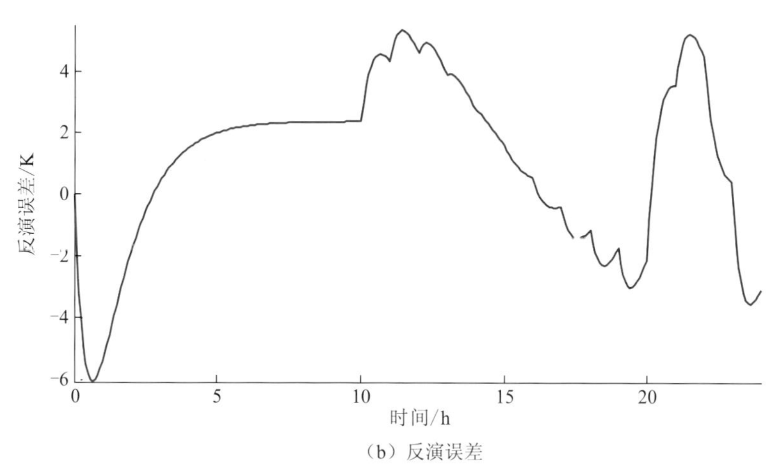

（b）反演误差

图 3.33 接触电阻异常情况下绕包型接头热点温度反演值与仿真值对比（k=27）

3. 环境变化的影响

绝缘管母运行环境复杂多变，温度反演模型应能适用于不同的环境条件，各种环境因素对温度场的影响主要体现在日照吸热、环境温度以及复合对流换热系数等三个方面。在仿真中初始环境温度和接头温度设置为 25 ℃，初始的复合对流换热系数设为 12 W/（$m^2 \cdot K$），接触电阻系数 k=9，电流为额定电流 1 250 A。为分析环境变化的影响，前 12 h 加载太阳辐射模拟白天日照情况，后 12 h 无日照模拟夜间，12 h 时刻令环境温度陡降 25 K，18 h 时刻令复合对流换热系数陡增 12 W/（$m^2 \cdot K$）。需要指出的是，本节侧重于分析环境变化对温度反演的影响，并非严格地计算实际环境因素在绝缘管母上造成的具体温升数值。

环境温度和复合对流换热系数的变化在仿真中容易体现，下面简要介绍太阳辐射的模拟。太阳辐射沿绝缘管母圆周方向的分布不均匀，因而需建立三维模型进行温度场仿真，在原先二维轴对称模型的基础上，沿轴线旋转形成六面体网格，绕包型绝缘管母接头的三维模型剖分如图 3.34 所示。

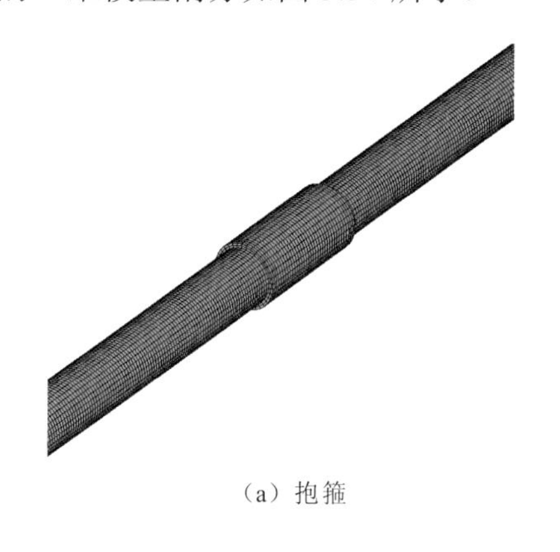

（a）抱箍

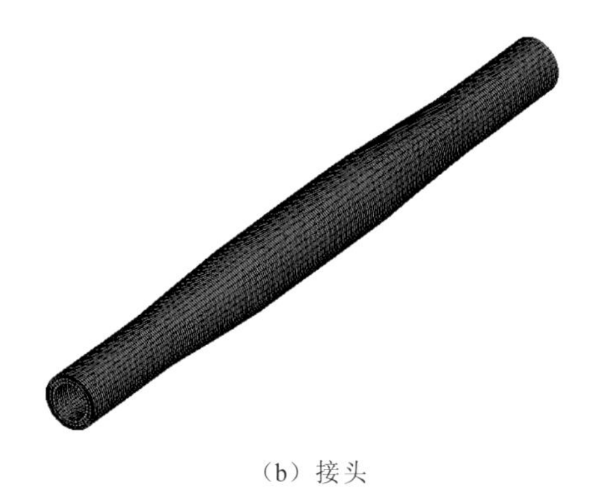

（b）接头

（c）本体端部

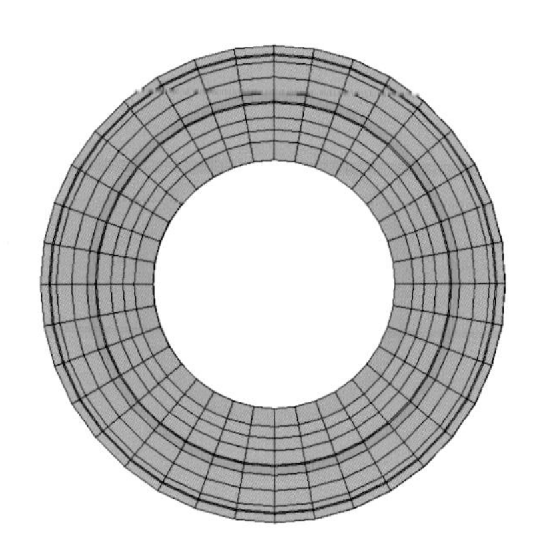

（d）接头剖面

图 3.34　绕包型绝缘管母接头的三维模型剖分

以绝缘管母中心为原点，x 轴垂直于太阳直射方向，y 轴平行于太阳直射方向，建立直角坐标系，如图 3.35 所示，θ为表面被辐射点和原点之间连线与 x 轴的夹角。

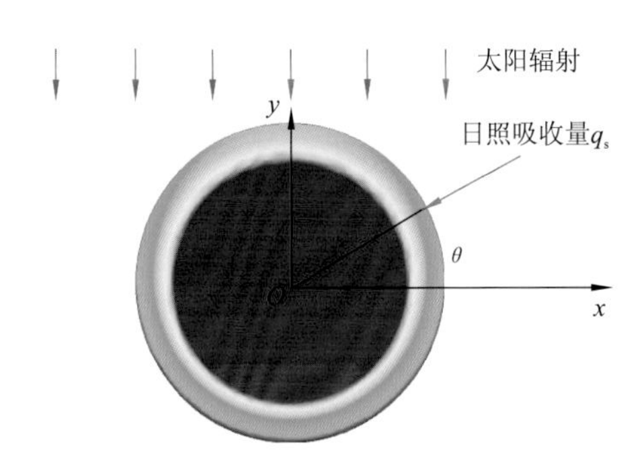

图 3.35　绝缘管母受太阳辐射的示意图

根据 IEC 60287-1-1—2014[140]，对于大多数纬度地区，太阳辐照度 G_s 可取为 1 000 W/m^2。对于 XLPE 护套，绝缘管母表面的日照吸收率 α 设置为 0.75，同时假设太阳辐射在白天呈正弦规律变化[141]，则吸收的热流密度可表示为

$$q_s = \alpha G_s \sin\theta \sin\frac{2\pi t}{24} \tag{3.29}$$

式中，q_s 为绝缘管母上某点吸收的日照热流密度，W/m^2。

对于不受太阳辐射的下表面，其边界满足复合对流换热边界条件。对于上表面，应当考虑太阳辐射影响，其边界条件可以表示为

$$-\lambda\frac{\partial T}{\partial n}\Big|_\Gamma = h_{com}(T - T_\infty) - q_s \tag{3.30}$$

将式（3.30）进一步整理发现太阳辐射可等效为环境温度的增加：

$$-\lambda\frac{\partial T}{\partial n}\Big|_\Gamma = h_{com}\left[T - \left(T_\infty + \frac{q_s}{h_{com}}\right)\right] = h_{com}(T - T_{sol\text{-}air}) \tag{3.31}$$

式中，$T_{sol\text{-}air}$ 称为日照等效环境温度[141]，表示太阳辐射等效为环境温度的增加。

环境变化情况下绕包型接头热点温度反演值与仿真值的对比如图 3.36 所示，在环境变化的过程中，热点温度反演曲线仍具有良好的跟随性，稳态反演误差不超过 2 K，最大暂态误差约 3.3 K，出现在对流换热系数陡增的阶段，实际的环境不会发生突变，因此相应的反演误差也会更小。总体而言，反演算法能较好地克服环境变化的影响，反演效果良好。

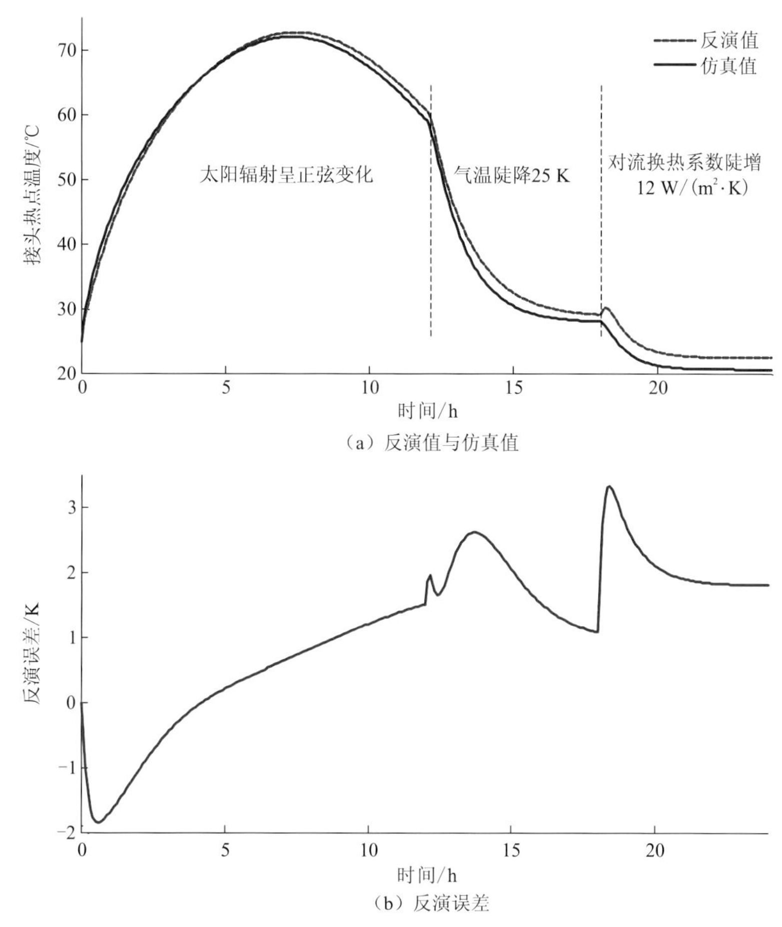

（a）反演值与仿真值

（b）反演误差

图 3.36　环境变化情况下绕包型接头热点温度反演值与仿真值对比（$k=9$）

3.3.2　屏蔽筒接头反演效果的仿真验证

仿照绕包型接头的分析方法，本节开展屏蔽筒接头的三维暂态温度场仿真模拟温升试验，在模型中建立温度传感器与隔热层，利用仿真中传感器的温度和负荷电流对接头热点温度进行组合反演，并与热点温度仿真值进行对比，来说明模型的反演精度。

1. 负荷波动的影响

首先分析负荷波动的影响。仿真中设置环境温度为 25℃，复合对流换热系数为

12 W/（m^2·K），接触电阻系数 k=9，电流加载如图 3.31 所示，反演值与仿真值对比如图 3.37 所示。

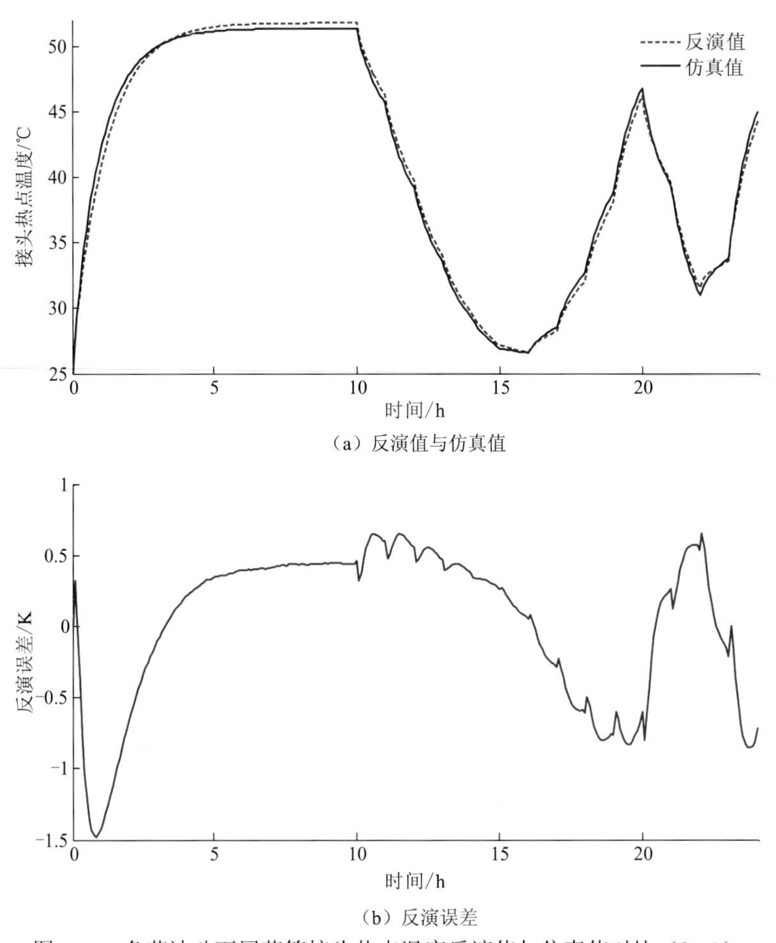

（a）反演值与仿真值

（b）反演误差

图 3.37　负荷波动下屏蔽筒接头热点温度反演值与仿真值对比（k=9）

从图 3.37 可见，热点温度的反演结果与仿真值吻合良好，反演值基本围绕着仿真值上下波动，能很好地跟随仿真曲线变化，算法能有效克服负荷波动的影响，额定电流下的稳态误差约为 0.5 K，最大反演误差不到 1.5 K，出现在电流阶跃变化的阶段，整体的反演精度很高。

2. 接触电阻的影响

为考虑接触电阻的影响，将接触电阻系数 k 设置为 27，其余仿真条件与前述相同，热点温度反演值与仿真值对比如图 3.38 所示。

从图 3.38 可见，稳态的反演误差不到 1.5 K，在电流阶跃的暂态过程中误差稍大，约 8 K，其原因与前述绕包型接头一致，总体而言反演效果较好。

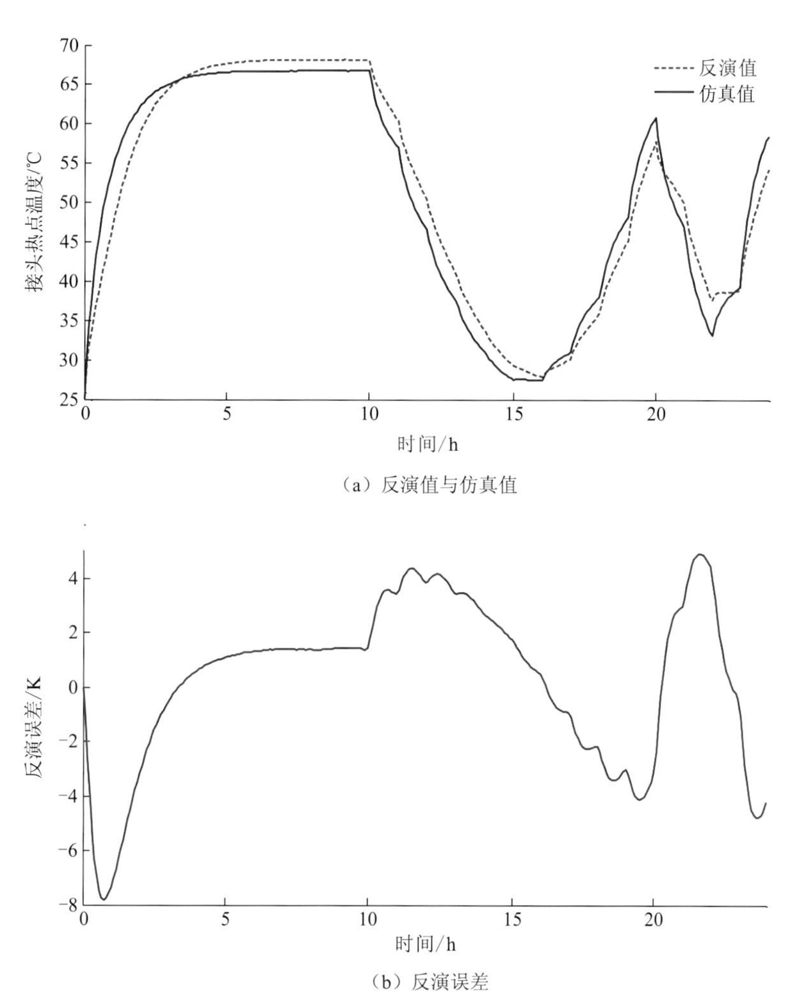

（a）反演值与仿真值

（b）反演误差

图 3.38　接触电阻异常情况下屏蔽筒接头热点温度反演值与仿真值对比（k=27）

3. 环境变化的影响

仿真中边界条件的设置与 3.3.1 节一致，环境变化情况下屏蔽筒接头热点温度反演值与仿真值的对比如图 3.39 所示，可见，反演值具有良好的跟随性，稳态误差不超过 1.5 K，最大误差不到 2.5 K，反演算法能较好地克服环境变化的影响，反演效果良好。

对比前述绕包型接头的反演结果，总体而言，屏蔽筒接头的反演误差更小，这是因为绕包型接头中采用了统一的轴向反演函数，虽然提高了算法鲁棒性，但也在一定程度上牺牲了反演的精度，不过统一模型引入的误差通常不到 1 K，在实际应用中是可以接受的。

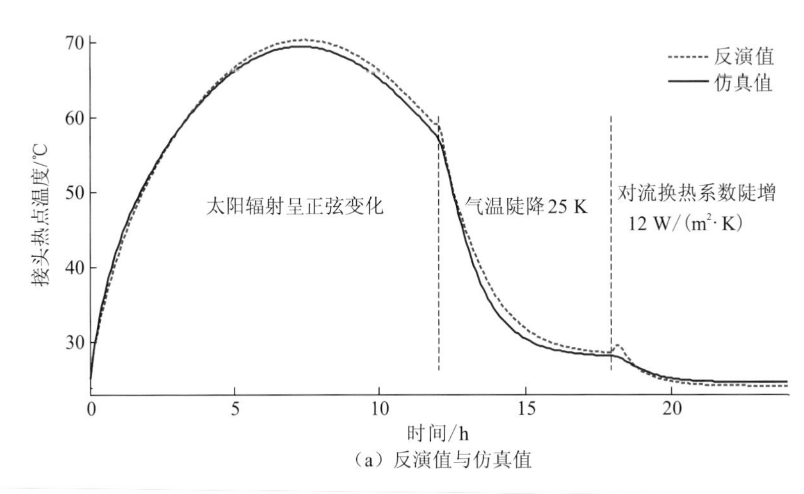

（a）反演值与仿真值

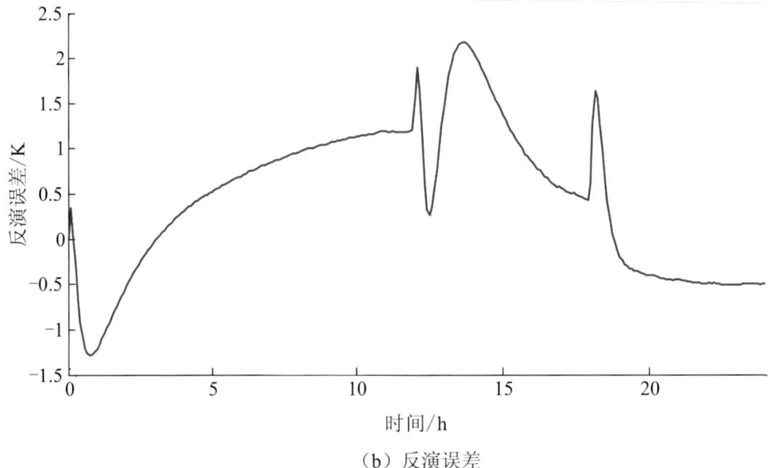

（b）反演误差

图 3.39　环境变化情况下屏蔽筒接头热点温度反演值与仿真值对比（k=9）

3.4　绝缘管母接头导体接触状态的评价方法

基于前述分析，接头等效热阻 R_j 能有效表征接头的接触电阻，下面着重探讨如何根据 R_j 的数值对接头导体的接触状态进行评价，为绝缘管母的运维提供量化指导。

根据《35 kV 及以下固体绝缘管型母线》（DL/T 1658—2016）和《7.2 kV-40.5 kV 绝缘管型母线技术规范》（Q/GDW 11646—2016）的规定[7,8]，绝缘管母的温度限值为 90℃，显然，“正常”的绝缘管母应能在额定电流下长时间运行，而导体温度不超过 90℃，以此为依据，可以做出如下论断：在额定电流负荷和最恶劣的环境条件下，若接头热点温度低于或等于 90℃，则认为接触状态正常；反之，如果此时接头热点温度高于 90℃，则认为该接头存在过热风险，即接触状态异常。

标准中考虑的最高环境温度为 40℃[7,8]，对于敷设在室内的绝缘管母而言，这一温度可视为无负荷时的母线最高温度，则相应的热点最高允许温升 ΔT_n 为 50 K；对于户外敷设的绝缘管母，由于受日照的影响，其导体温度要明显偏高，实测数据表明：无负荷时户外绝缘管母的导体最高温度可达 55℃，相应地，户外热点最高允许温升 ΔT_{w} 宜设为 35 K。

根据热点的最高允许温升 ΔT，可以确定额定电流下其对应的临界接头热阻 R_{jcr}，假设实际绝缘管母接头的等效热阻为 R_{j}，则可定义接触安全裕度 A 如下：

$$A=\frac{R_{jcr}-R_{j}}{R_{jcr}}\times 100\% \tag{3.32}$$

当接触安全裕度 $A \geqslant 10\%$时，可认为接触状态“正常”；当 $0<A<10\%$时，接触电阻处于“警告”状态，在危险边缘，此时进一步恶化就可能变为异常状态，提醒运维人员对该接头加强监测，重点关注该接头的运行状态；当 $A \leqslant 0$ 时，接触状态“异常”，在大电流和高气温条件下，导体运行温度就可能超过 90℃，危及设备，此时运维人员应及时安排检修或进行更换，防止事故的发生。

以本书分析的绝缘管母接头为例，其对应的室内和户外临界接头热阻 R_{jcr} 分别为 1.29 K/W 和 0.90 K/W。假设辨识到某一接头的接头等效热阻 R_{j} 为 0.7 K/W，则其在室内和户外运行的接触安全裕度 A 分别为 45.7%和 22.2%，可判断该接头接触电阻正常；假设某接头等效热阻 R_{j} 为 1.0 K/W，其在室内和户外运行的接触安全裕度分别为 22.5%和 −11.1%，若该接头安装在室内，则其仍然处于安全状态，无须处理，但若安装在户外就很有可能出现过热缺陷，建议运维人员及时采取相应措施，避免事故发生。

屏蔽筒接头属于对流−辐射复合传热，其等效热阻随着环境温度和电流的增加而减小，因此，在夜间稳态下根据式（3.23）辨识出的 R_{j} 会小于高温和额定电流下的 R_{j}，故实际的接触安全裕度 A 会高于计算值，评价结果偏保守。

3.5 本 章 小 结

本章详细地介绍了绝缘管母接头热点温度反演模型的建立，并通过暂态温度场仿真模拟试验，分析了算法的理论准确性，最后提出了接头导体接触状态的评价方法，主要得到了如下结论：

（1）反演模型的特征点应为 2 个，其中一个足够靠近接头，反映接头的影响，另一个充分远离接头，反映绝缘管母本体的影响；导体轴向温度反演模型的函数类型为有约束的线性函数，约束条件为各一次项系数之和为 1。

（2）受环境因素影响，表面温度传感器的测量值明显低于表面温度实际值，提出采用隔热层包覆的方法提高表面温度测量精度，通过温度场仿真对隔热层尺寸进行优化，对于本书研究的接头，靠近接头的特征点 T_{1} 处隔热层宽度为 3 cm，厚度为 8 mm，远离接头的特征点 T_{2} 处隔热层宽度为 3 cm，厚度为 4 mm。离接头越近，本体径向热流越大，因此采用热路模型计算 T_{1} 处的导体温度时，计算值会偏低，接触电阻越大，偏差越明显，仅采用隔热层无法适用于各种接触状态下的温度反演，为此提出了一种径向热流修正方

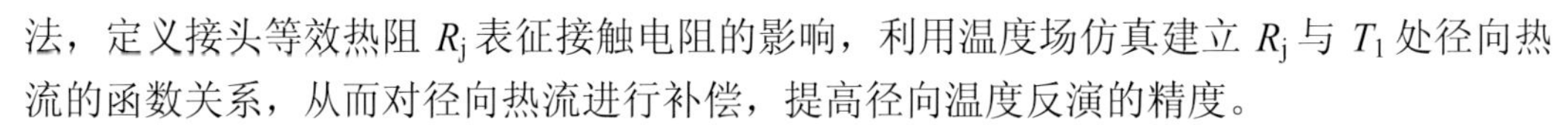

法，定义接头等效热阻 R_{j} 表征接触电阻的影响，利用温度场仿真建立 R_{j} 与 T_1 处径向热流的函数关系，从而对径向热流进行补偿，提高径向温度反演的精度。

（3）与绕包型接头相比，屏蔽筒接头与本体存在显著的差异，无法采用统一的轴向温度反演模型，需要进行修正，为此利用温度场仿真建立轴向反演系数 a_1 与接头等效热阻 R_{j} 的函数关系，进而根据接头等效热阻 R_{j} 的辨识值确定实际接头的轴向反演函数。

（4）采用暂态温度场仿真模拟温升试验，对绕包型接头和屏蔽筒接头的热点温度反演模型进行验证，结果表明：在负荷波动、环境变化和接触电阻未知的条件下，热点温度反演结果均具有良好的跟随性，稳态反演误差不超过 2.5 K，大电流阶跃下的暂态误差最大约为 8 K，考虑到实际中负荷几乎不会出现大幅度的阶跃变化，整体而言反演效果良好。

（5）根据热点温度反演算法，提出了一种接头导体接触电阻安全状态的评价方法，根据最大允许温升计算临界接头等效热阻 R_{jcr}，通过对比 R_{j} 和 R_{jcr} 确定接触安全裕度，可为绝缘管母的运维提供量化指标。

第 4 章

热点温度反演理论的温升试验验证

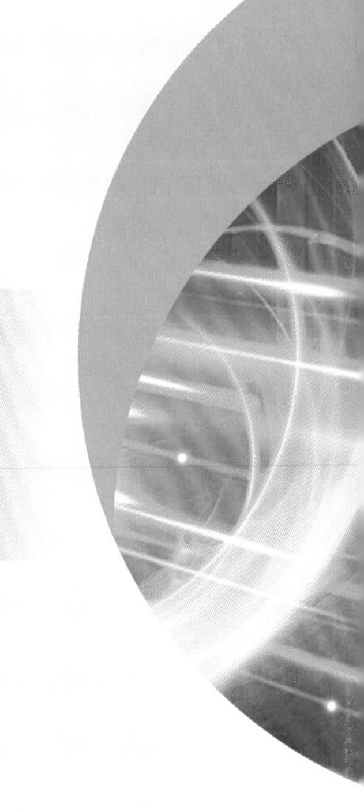

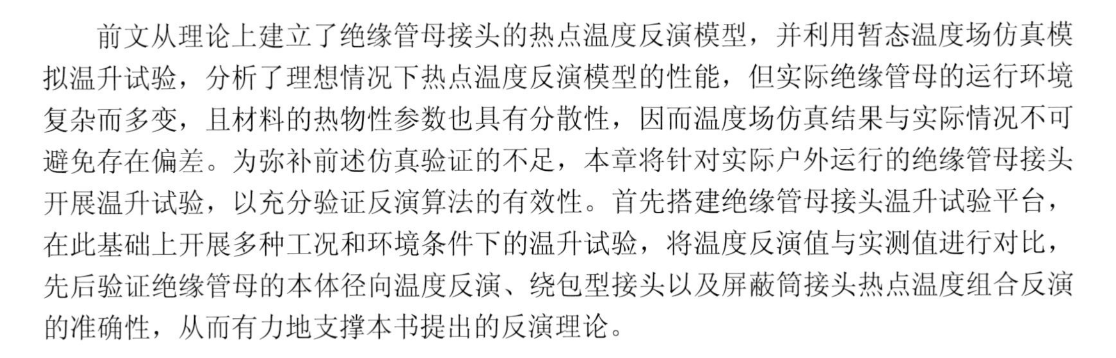

前文从理论上建立了绝缘管母接头的热点温度反演模型，并利用暂态温度场仿真模拟温升试验，分析了理想情况下热点温度反演模型的性能，但实际绝缘管母的运行环境复杂而多变，且材料的热物性参数也具有分散性，因而温度场仿真结果与实际情况不可避免存在偏差。为弥补前述仿真验证的不足，本章将针对实际户外运行的绝缘管母接头开展温升试验，以充分验证反演算法的有效性。首先搭建绝缘管母接头温升试验平台，在此基础上开展多种工况和环境条件下的温升试验，将温度反演值与实测值进行对比，先后验证绝缘管母的本体径向温度反演、绕包型接头以及屏蔽筒接头热点温度组合反演的准确性，从而有力地支撑本书提出的反演理论。

4.1 绝缘管母接头温升试验平台的搭建

4.1.1 试验平台概况

绝缘管母接头温升试验平台放置于户外，整体布置如图 4.1 所示。试验平台由若干绝缘管母、铜排及中间接头串联形成矩形回路，绝缘管母和接头的几何结构与前述两章一致，母线和铜排长度为 4～5 m，以确保端部铜排压接处的温度不影响接头附近的温度场；回路通过升流器提供大电流，电流大小通过调压器和升流器进行调节、由电流互感器进行测量；根据安装位置的不同，温度传感器分内置温度传感器和外置温度传感器，内置温度传感器深入绝缘管母内部测量导体温度，作为基准值用以验证本体径向温度反演和热点温度组合反演的准确性，如图 4.1 中紫色虚线所示，而外置温度传感器测量表面温度和气温，如图 4.1 中蓝色实线所示；温度传感器和电流互感器分别与相应的温度采集卡和电流采集卡连接，并将数据上传至上位机，进行实时采集和存储。

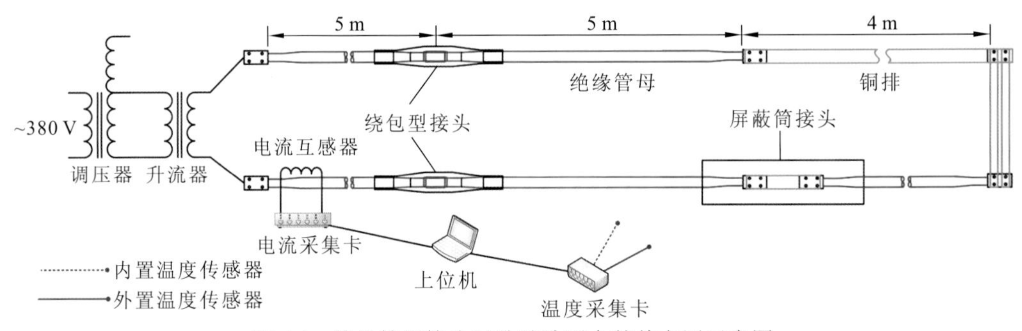

图 4.1　绝缘管母接头温升试验平台整体布置示意图

4.1.2 绝缘管母接头安装

1. 绕包型接头安装

绕包型接头的安装步骤如图 4.2 所示。首先将导体进行连接，两侧的导体采用了不

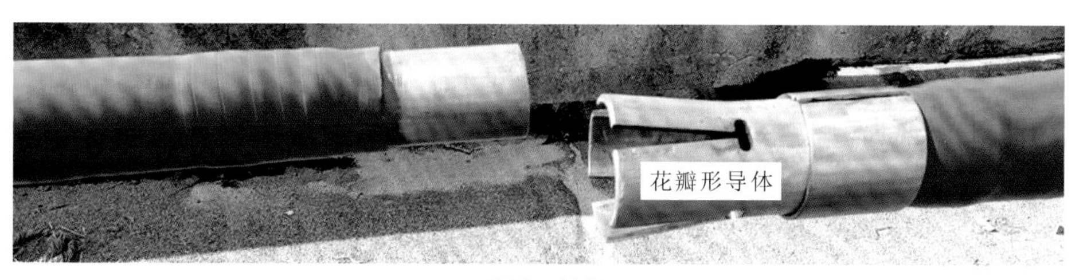

（a）花瓣形导体展开

（b）导体连接

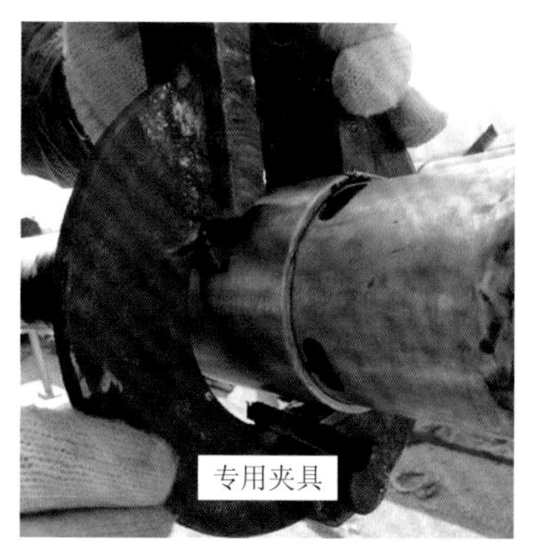

（c）夹具固定

（d）不锈钢抱箍焊接

（e）主绝缘绕包

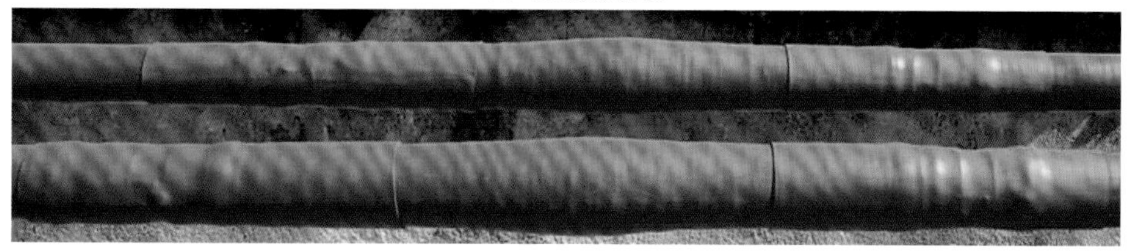

（f）接头安装成品

图 4.2　绕包型接头安装步骤图

同的端部结构，左侧为空心圆柱结构，右侧在圆周方向分为 4 片，展开后呈花瓣形，如图 4.2（a）所示；然后将右侧花瓣形导体包裹住左侧铜管导体，并在连接体外部套上不锈钢抱箍，如图 4.2（b）所示；通过专用夹具机械固定后，如图 4.2（c）所示；采用电焊将不锈钢抱箍开口处焊接好，将焊缝修磨平整，如图 4.2（d）所示；最后依次绕包半导电带、绝缘带、接地屏，如图 4.2（e）所示；套上热缩管并进行热缩，即完成了接头的安装，如图 4.2（f）所示。

在绕包型接头安装过程中需要将温度传感器置于接头内部测量导体温度，传统的传感器内置方法是将传感器贴敷在导体外表面[142]，这样传感器引线位于绕包带和导体之间，改变了原有的接头温度场分布，容易引入一定的测量误差。本书利用绝缘管母独特的空心导体结构，将传感器置于导体内表面，由于导体内部等温，传感器和引线都在等温的导体内部，对温度场几乎没有影响，可大大提高导体测温的精度。内置方法如下：首先在绝缘管母的导体端部上钻孔，如图 4.3（a）所示，然后将两根温度传感器通过小孔伸入导体内部，最后用导热胶带将温度传感器贴敷在薄铜片上，并用导热硅脂固定于压接头导体内表面，如图 4.3（b）所示。

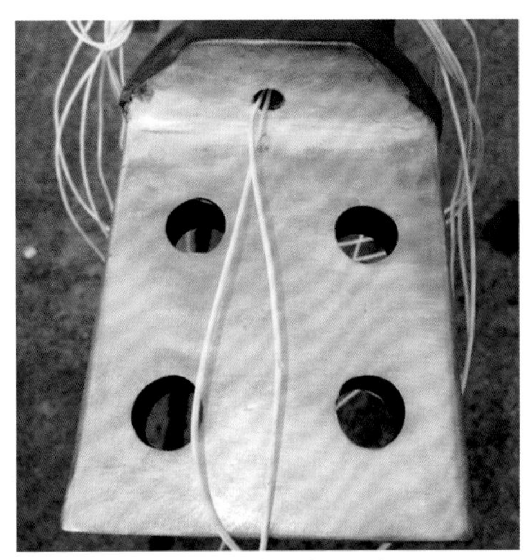

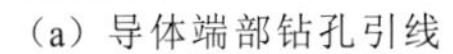

（a）导体端部钻孔引线

（b）温度传感器固定

图 4.3　绕包型接头内置温度传感器步骤图

2. 屏蔽筒接头安装

屏蔽筒接头的安装步骤如图 4.4 所示。其中屏蔽筒在工厂内预制成型，因而整体安装较为便捷，首先将接头两侧的绝缘管母本体通过连接铜排进行接续，并将温度传感器从一侧端部的铜管内穿入，从接头处引出，并贴敷在接头导体压接处附近，利用隔热层局部包覆传感器，提高测温精度，然后将预制的屏蔽筒套在导体压接处，屏蔽筒端部通过法兰密封，法兰与本体接触的部分采用防水胶处理，接头即安装完毕。

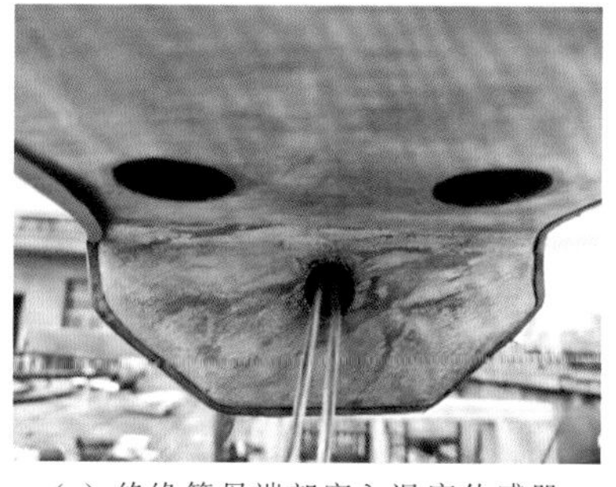
（a）绝缘管母端部穿入温度传感器

（b）接头导体压接，并固定温度传感器

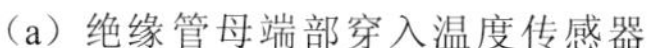

（c）预制屏蔽筒套入接头处

（d）端部法兰密封

图 4.4　屏蔽筒接头安装步骤图

4.1.3　升流器选型

升流器为绝缘管母回路提供大电流，所需功率包括有功功率和无功功率，分别对应回路等效电阻 R 和等效电感 L。其中，绝缘管母为空心铜管导体，外径 60 mm，壁厚 4 mm。线路总长度约 30.1 m，计算可得回路等效电阻 R 为 749 μΩ。

对于电感的计算，试验回路基本呈矩形，长 l_1 约为 14.7 m，宽 l_2 约为 0.35 m，对角线长 l_3 约为 14.7 m，参考苏联编写的《电感计算手册》[143]，低频下矩形回路的电感计算公式为

$$L = N - M \tag{4.1}$$

其中

$$N = \frac{\mu_0}{\pi}\left[l_1 \ln\frac{2l_1l_2}{l_1+l_3} + l_2 \ln\frac{2l_1l_2}{l_2+l_3} + 2(l_3 - l_1 - l_2)\right] \tag{4.2}$$

式中，μ_0 是真空磁导率，为 $4\pi\times10^{-7}$ H/m。将参数代入式（4.2）可计算得到 N=−6.504 μH。

对于圆形截面的空心导体，在直流和低频下：

$$M = \frac{\mu_0 l}{2\pi}\ln(zr) \tag{4.3}$$

式中，l 是导体长度；r 是导体外半径；z 取决于内径与外径之比，在《电感计算手册》中查表得 $z\approx0.951\,5$，代入参数可得 $M=-21.409$ μH。最终可得 $L=14.905$ μH，$\omega L=4\,700$ μΩ，对比 ωL 和 R 可知，感抗远远大于电阻，因此感性无功功率占主导，回路总阻抗的模 Z 与感抗相当，约为 4 700 μΩ，本试验中选用的绝缘管母额定载流量为 1 250 A，考虑到后续分析动态载流量的需要，绝缘管母中可能通入 2 700 A 以上的电流，

其对应升流器二次侧电压 $U=IZ=12.7\ \text{V}$。

综上分析并考虑一定裕度，选用二次侧额定电流为 3 000 A，二次侧电压为 13 V 的升流器可满足要求。

升流器需接入调压器再进入市电，因此要考虑调压器的容量，其中升流线圈的无功功率 $Q=I^2\omega L=34\ 569\ \text{var}$，该功率对于调压器而言过大，380 V 的调压器一次侧会产生 90 A 以上的电流，有必要在升流器一次侧并联电容进行无功补偿，以减少流入调压器的功率，无功补偿电容的计算公式如下：

$$C=\frac{Q}{\omega U^2} \tag{4.4}$$

计算得到所需补偿的电容约为 777 μF，可选用额定电容为 796 μF、额定电压为 380 V 的单相电容进行补偿。升流器和无功补偿电容器的实物图如图 4.5 所示。

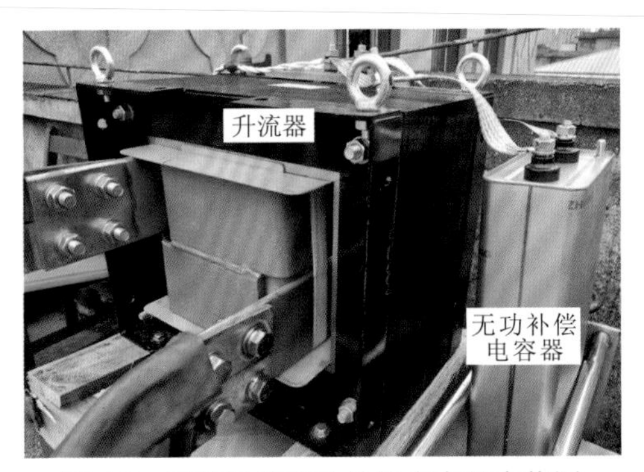

图 4.5　升流器和无功补偿电容器实物图

4.1.4　温度传感器校准

温度传感器采用 PT1000 圆柱体铂热电阻，型号为 KYW-010，测温范围为−50～200 ℃，传感器直径 2.5 mm，长度 2 cm，精度为 A 级[138]，误差为（$0.15+0.002|T|$）K，$|T|$表示实测摄氏温度的绝对值，℃。为确保温度测量的准确性，在使用之前需要对温度传感器进行校准，校准一方面是对传感器本身准确度的校验，另一方面是对传感器和采集卡进行整机校准。

1. 温度传感器的校验

铂丝温度传感器是利用铂电阻随温度的变化特性来进行温度测量的，其电阻-温度曲线唯一地刻画了传感器的特性，IEC 60751：2022[138]中给出了铂丝温度传感器阻值随温度变化的关系表，通过对实际传感器在不同温度下的电阻进行测量，并与标准给出的曲线进行对比，就可以判断传感器自身的精度。若传感器精度满足要求，则不需要进行处理，进入下一步的整机标定；若精度不满足要求则退货，重新购买。温度传感器校验的操作步骤如下：

（1）将 PT1000 传感器探头和高精度的标准水银温度计同时伸入恒温水浴中，以标准水银温度计读数为基准，令恒温水浴稳定在（30±0.1）℃，如图 4.6 所示；

（2）采用 LCR 数字电桥测量该温度下传感器的电阻，并记录阻值（PT1000 传感器的阻值约 1 000 Ω，可忽略引线电阻），如图 4.7 所示；

（3）以 10 ℃为间隔增加水浴温度，重复上述步骤，直到水浴温度达到 100 ℃；

（4）将上述得到的电阻-温度曲线与标准曲线进行对比，结果表明所有传感器均满足精度要求。

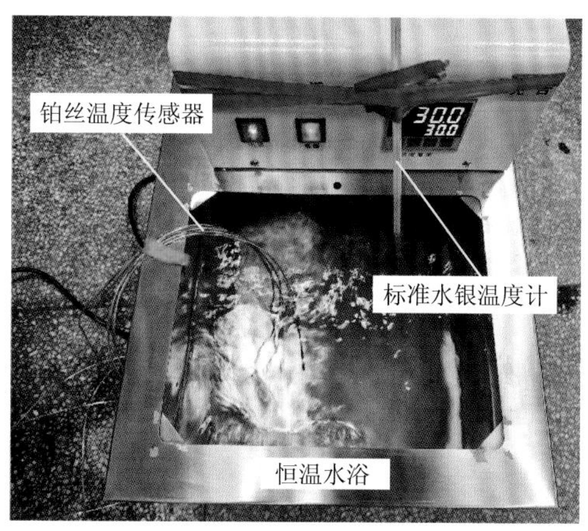

图 4.6　将铂丝温度传感器探头和高精度的标准水银温度计放入恒温水浴

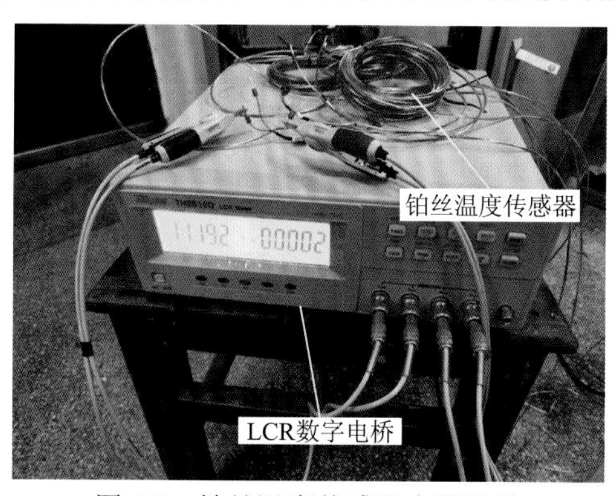

图 4.7　铂丝温度传感器电阻测量

2. 测温系统的整机标定

温度传感器接入采集卡后才能获取温度信息，采集卡对温度测量的精度有着直接影响，因此有必要对测温系统进行整机标定，标定中以高精度的标准温度计（精度 0.1 K）为基准，具体操作步骤如下：

（1）将温度传感器探头和高精度的标准水银温度计同时伸入恒温水浴中，以标准水银温度计读数为基准，令恒温水浴稳定在（30±0.1）℃；

（2）将温度传感器接入数据采集卡进行温度测量，并读取温度传感器和标准水银温度计的温度值；

（3）以 10 ℃为间隔增加水浴温度，重复上述步骤，直到水浴温度达到 100 ℃；

（4）对比各水浴温度下的传感器温度值和标准水银温度计的读数，以标准水银温度计读数为基准，所有传感器的测量值偏差均不超过 0.3 K，说明整个测温系统满足精度要求，无须进行额外校准。

4.2 本体径向温度反演验证

4.2.1 温度传感器布置

本体径向温度反演是热点温度组合反演的基础，为此首先对本体径向温度反演的准确性进行充分验证。本体径向温度反演验证的温度传感器布置示意图如图 4.8 所示。

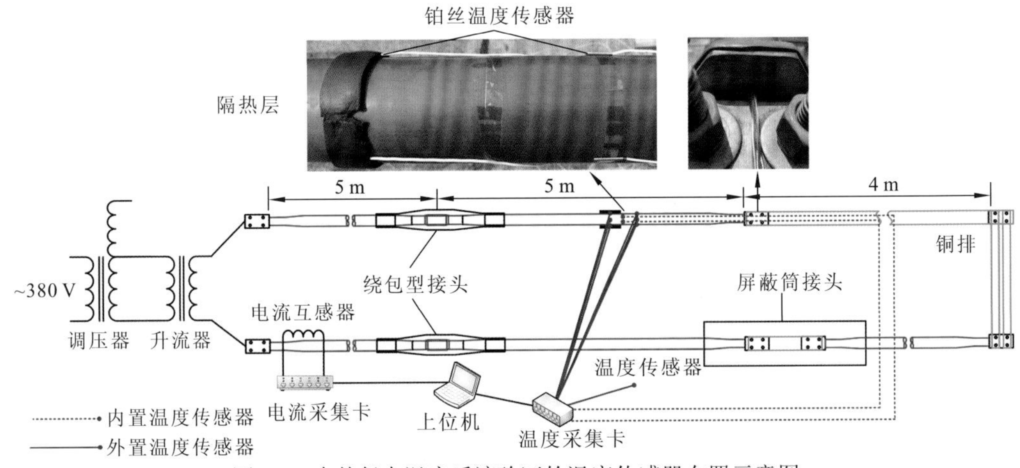

图 4.8 本体径向温度反演验证的温度传感器布置示意图

将两组温度传感器同时布置在绝缘管母的中部，此处距离接头和终端足够远，可视为无限长管母的温度场，外置温度传感器如图 4.8 中蓝色实线所示，其中一组传感器包覆宽 3 cm、厚 4 mm 的隔热层，另一组传感器无隔热层包覆，每组传感器包括三个探头，沿绝缘管母圆周方向均匀分布，以减小测量误差；再从端部引入两根传感器用于测量内部的导体温度，如图 4.8 中紫色虚线所示；此外，还配备一组传感器记录气温。

4.2.2 试验结果

加载恒定电流 1 350 A，试验从 5 月 30 日正午时分开始，共持续了 5 天，采集到的原始温度测量数据如图 4.9 所示。由于绝缘管母安装于户外，虽然电流不变，但温度仍受天气影响而发生显著变化，第一天为多云，温度基本稳定，后四天均是晴天，因此，温度随日照呈现周期性的变化，从图中可见，无隔热层包覆时的表面温度要明显低于有隔热层的情况，且温度波动更为明显，而包覆了隔热层之后，温度曲线明显更为光滑。

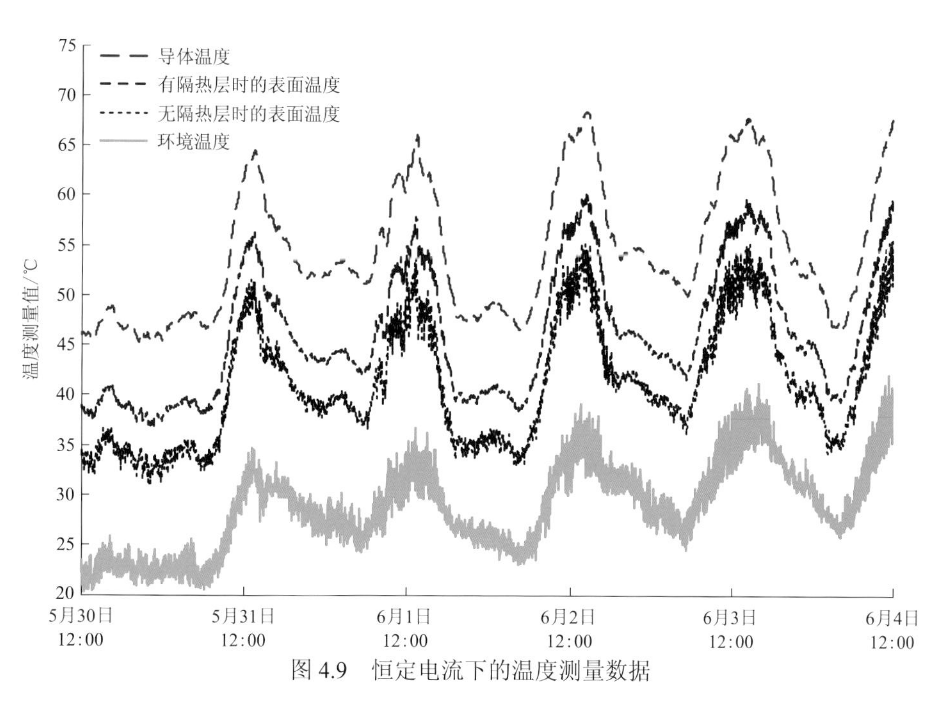

图 4.9　恒定电流下的温度测量数据

以表面温度测量数据和电流为输入量，利用第 3 章的热路模型可以反演导体温度，导体温度的反演值与测量值如图 4.10（a）所示。由图 4.10 可见，有隔热层时的导体温度反演值与测量值非常接近，绝对误差基本在±1 K 左右，而无隔热层时表面温度要明显偏低，导体温度反演值要低 3～8 K，且波动更为明显。上述对比说明隔热层一方面能显著降低表面测温的系统误差，另一方面也能减小环境波动带来的随机误差，同时有力地验证了本体径向温度反演模型的准确性。

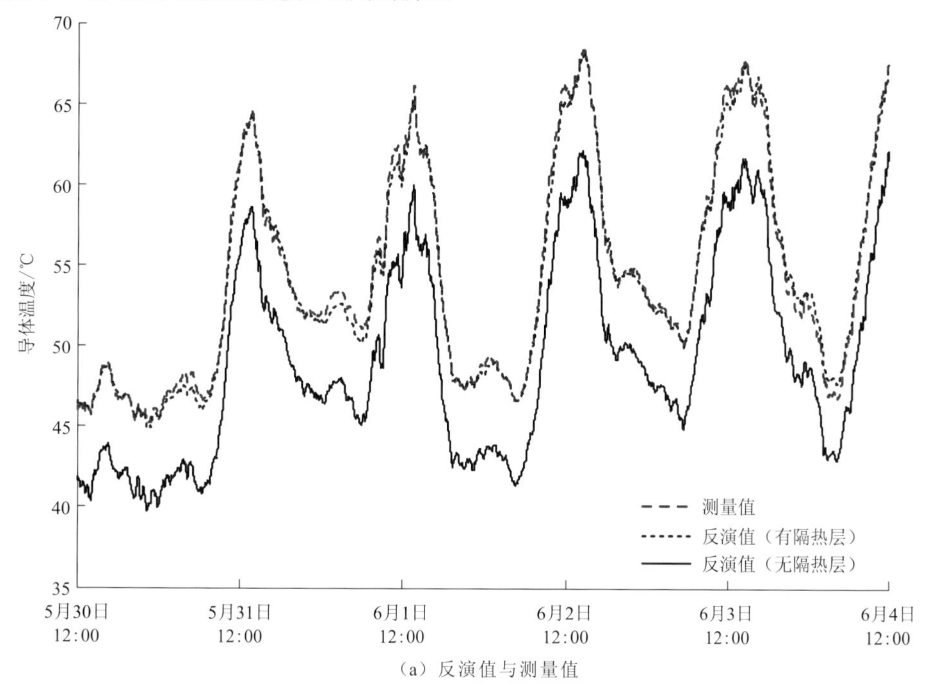

（a）反演值与测量值

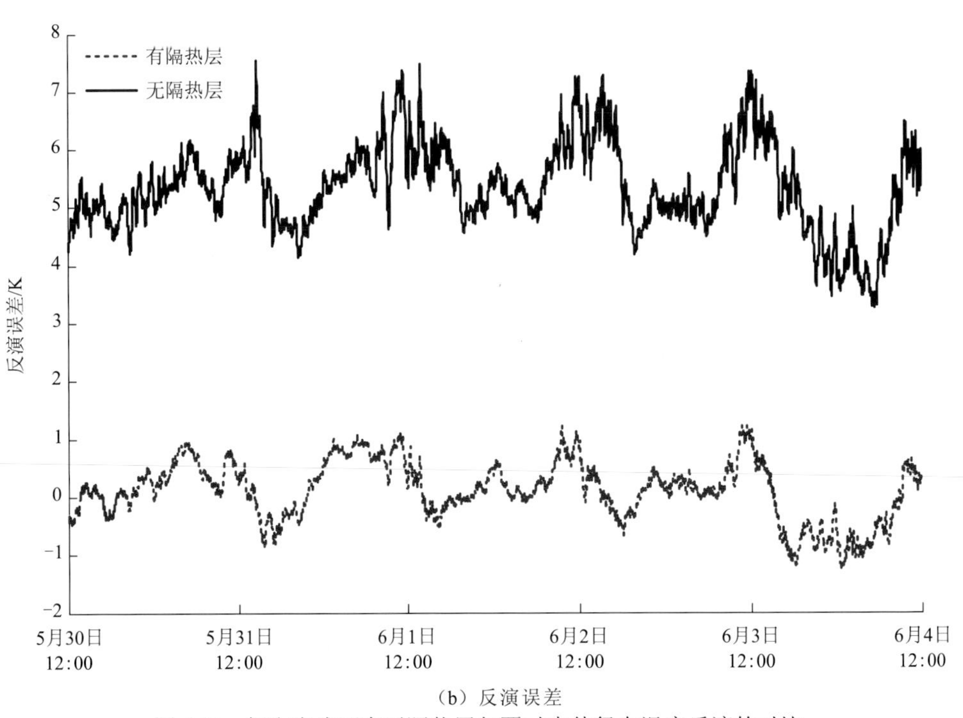

（b）反演误差

图 4.10　恒定电流下有无隔热层包覆时本体径向温度反演的对比

4.3　热点温度组合反演验证

4.3.1　温度传感器布置

绝缘管母接头热点温度组合反演验证试验布置如图 4.11 所示。将三组温度传感器分别布置在各特征点表面处，其中两组传感器距离两个接头端部均为 0.2 m，第三组传感器放置于绝缘管母中间，如图 4.11 中蓝色实线所示。其中靠近接头的传感器包覆宽 3 cm、厚 8 mm 的隔热层，远离接头的传感器包覆宽 3 cm、厚 4 mm 的隔热层，图中左侧的两组温度传感器用于反演绕包型接头的热点温度，右侧的两组温度传感器用于反演屏蔽筒接头的热点温度；再从端部引入传感器用于测量两个接头内部的导体热点温度，如图 4.11 中紫色虚线所示；此外，还配备一组传感器记录环境温度。

4.3.2　绕包型接头

先后在夏季和冬季开展了两次绕包型接头的大电流温升试验，利用特征点表面温度和电流对接头热点温度进行组合反演，并对比试验测量温度，以验证方法的有效性。

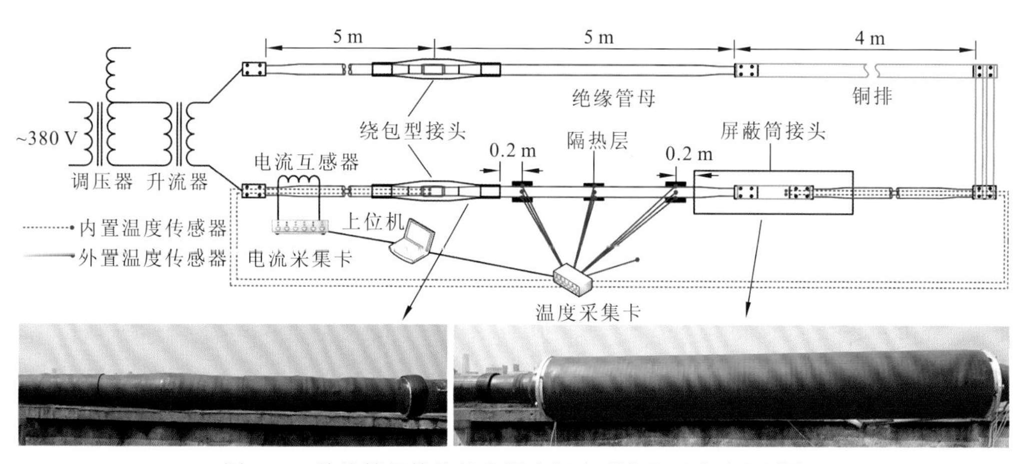

图 4.11　绝缘管母接头热点温度组合反演验证试验布置图

测试结果如图 4.12、图 4.13 所示，热点温度的反演值与测量值变化规律一致，稳态反演误差基本不超过 2 K，负荷波动下最大误差约 5 K，由此表明，在负荷波动、日照变化、环境复杂多变等情况下，本书提出的温度反演算法都是满足工程要求的，模型鲁棒性良好。此外，通过夜间稳态下的热点温度反演结果对该接头的等效热阻 R_j 进行辨识，其数值约为 0.72 K/W，其对应的户外临界接头热阻 R_{jcr} 为 0.90 K/W，则根据式（3.32）计算其接触安全裕度 A 约为 20.0%，可判断该接头接触电阻正常。

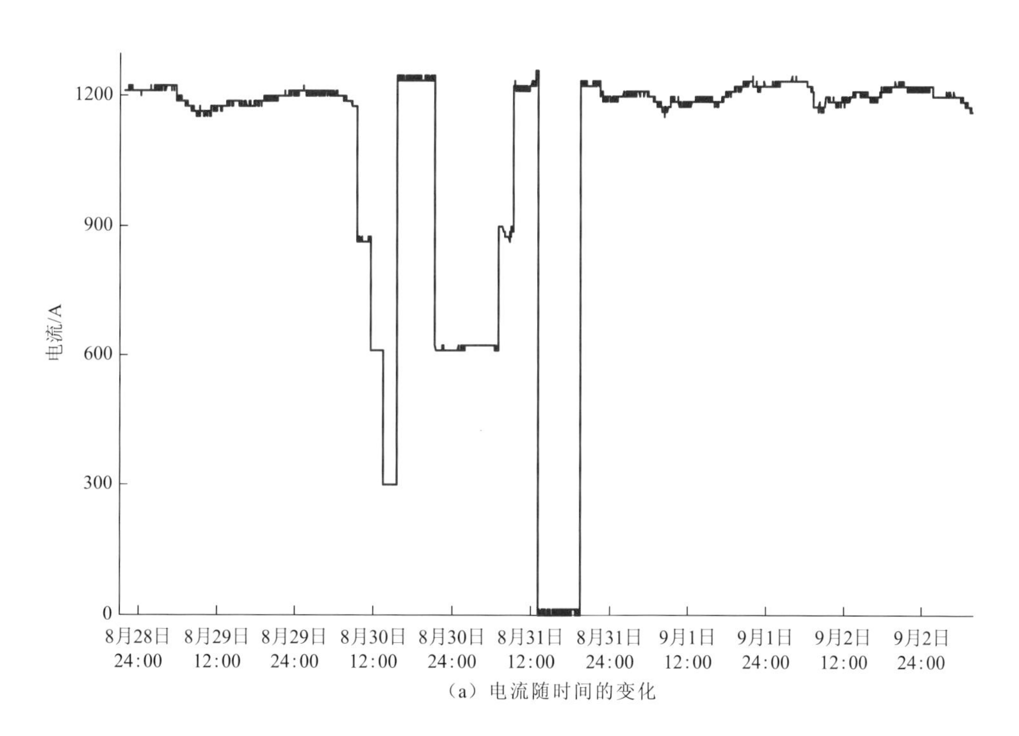

（a）电流随时间的变化

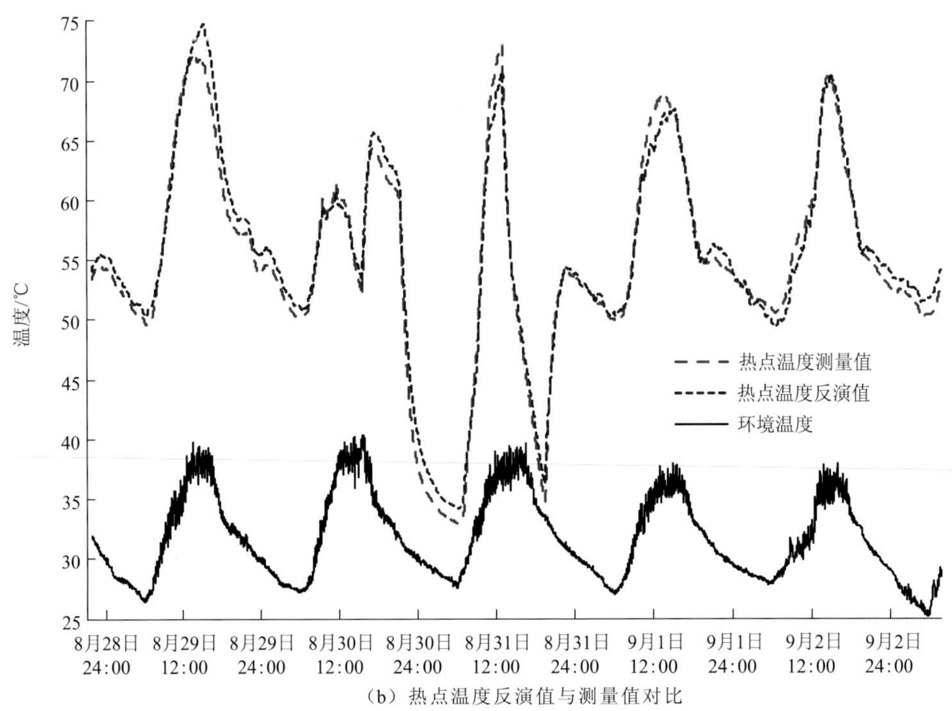

（b）热点温度反演值与测量值对比

图 4.12　绕包型接头组合温度反演验证（夏季）

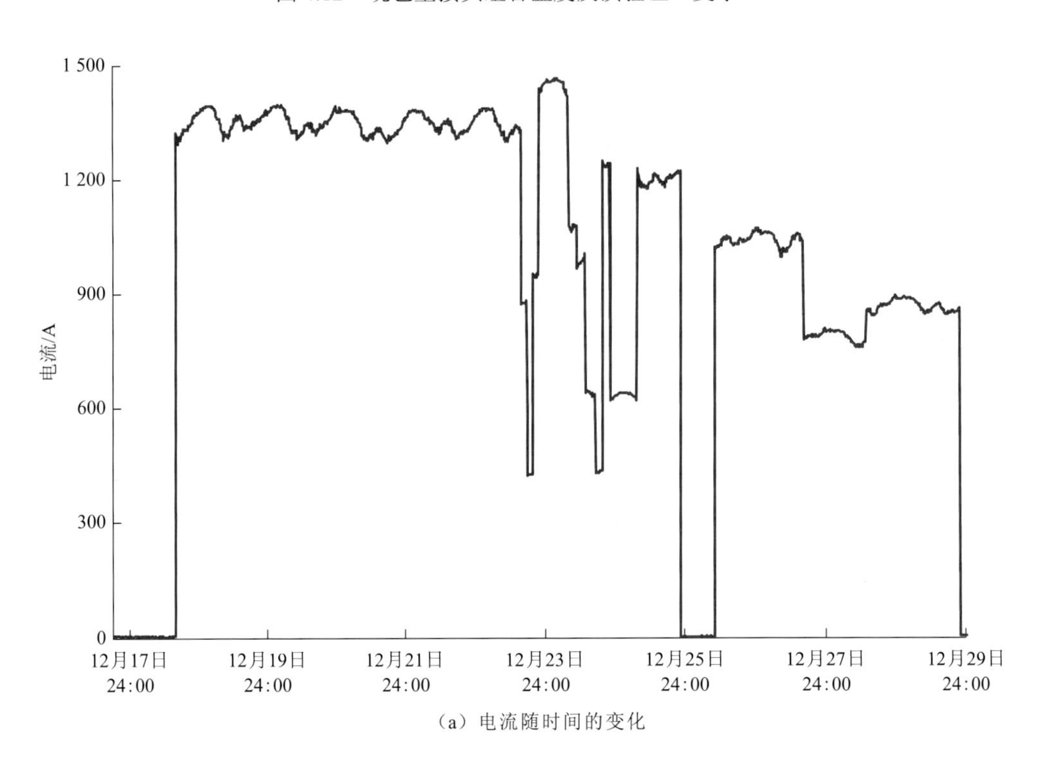

（a）电流随时间的变化

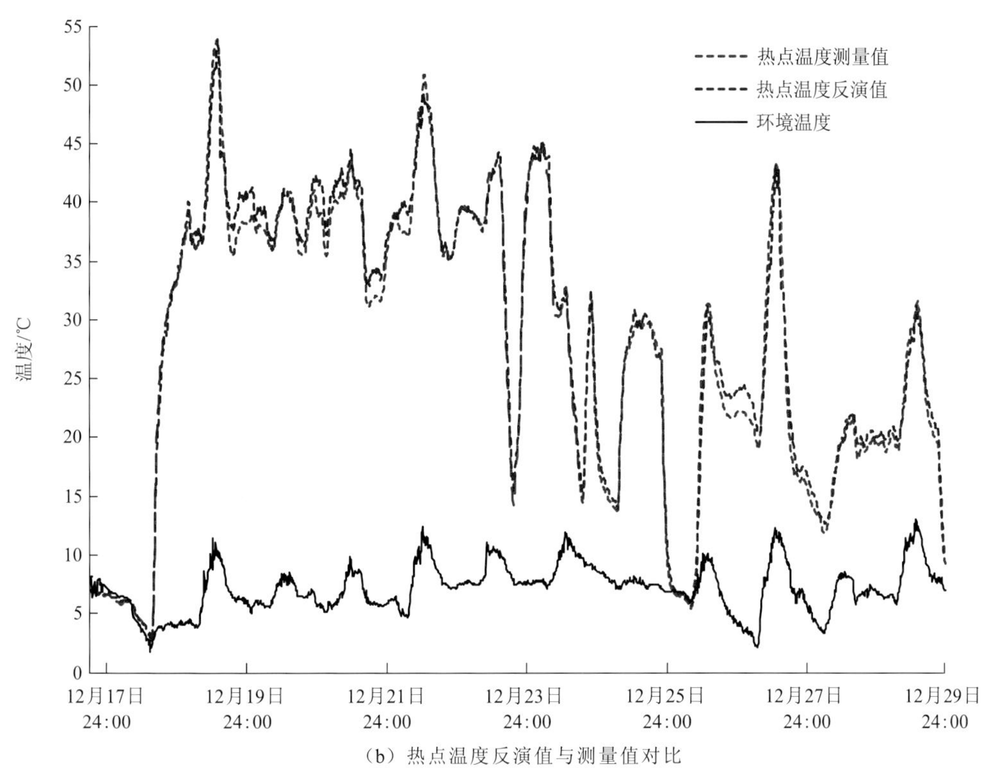

（b）热点温度反演值与测量值对比

图 4.13　绕包型接头组合温度反演验证（冬季）

4.3.3　屏蔽筒接头

首先针对接触电阻正常的接头开展温升试验，利用表面温度和电流对接头热点温度进行组合反演，结果如图 4.14 所示，试验共持续了接近 4 天，从图中可见，在电流波动、环境变化的条件下，热点温度反演值最大误差不超过 4 K，夜间稳态误差不超过 0.5 K，反演效果很好。在 8 月 17 日正午时分出现了短时降雨，热点温度陡降而后又恢复正常，整个过程中温度反演曲线的跟随性很好，说明反演算法能有效克服环境突变的影响，具有较强的鲁棒性。

此外，该接头稳态温升约 30 K，在额定电流下热点温度最高值达到了 80.5℃，但相比于温度限值 90℃还有 10 K 的接触安全裕度，接触电阻正常。利用夜间稳态下的热点温度反演结果对该接头的等效热阻 R_j 进行辨识，其数值约为 0.81 K/W，根据式（3.32）计算其接触安全裕度 A 约为 10.0%，也可判断该接头的接触电阻正常，但是对比前述绕包型接头的接触安全裕度可见，屏蔽筒接头接触安全裕度更低，其发热相对更为严重，说明屏蔽筒接头的热阻更大，相同电流下产生的温升更高，因此，仅从载流能力的角度分析，绕包型接头要优于屏蔽筒接头。

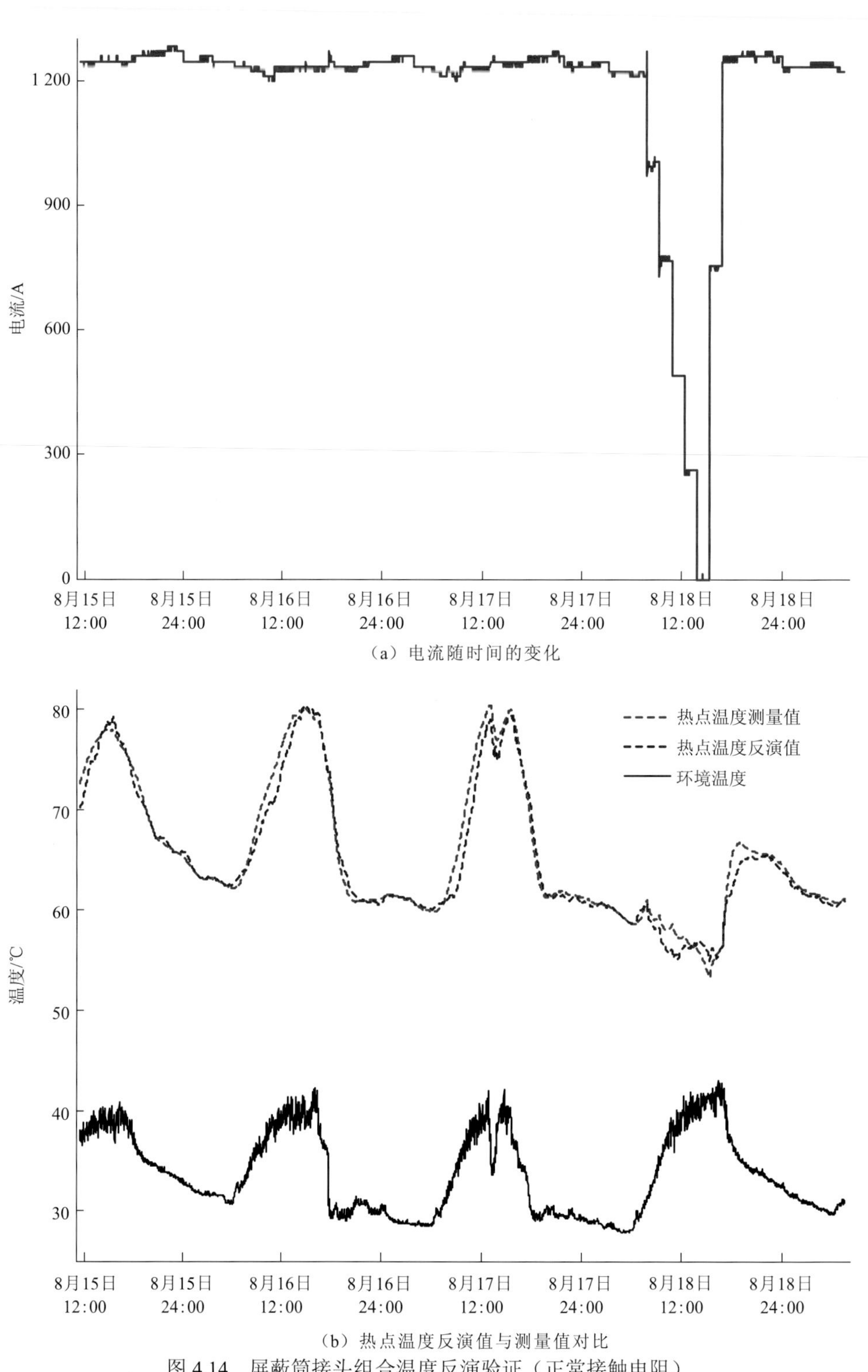

图 4.14　屏蔽筒接头组合温度反演验证（正常接触电阻）

打开屏蔽筒，将接头处内的铜排螺栓拧松，以模拟接触电阻异常的情况，然后重新套入屏蔽筒，开展大电流温升试验，试验持续时间约为 5 天，热点温度反演结果如图 4.15 所示，额定电流下热点的稳态温升达到了约 50 K，在 8 月 31 日正午时分热点温度已越

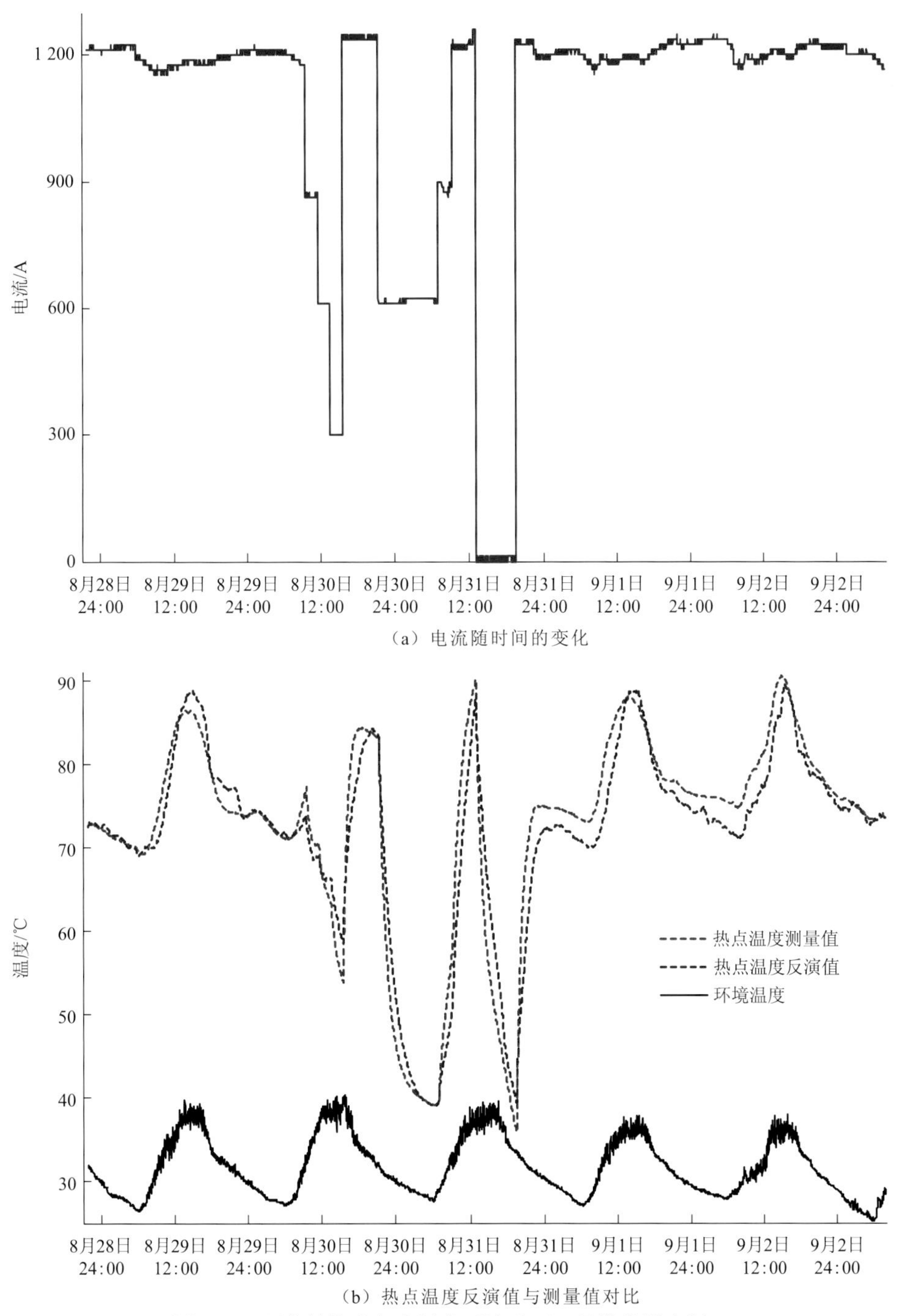

（a）电流随时间的变化

（b）热点温度反演值与测量值对比

图 4.15　屏蔽筒接头组合温度反演验证（异常接触电阻）

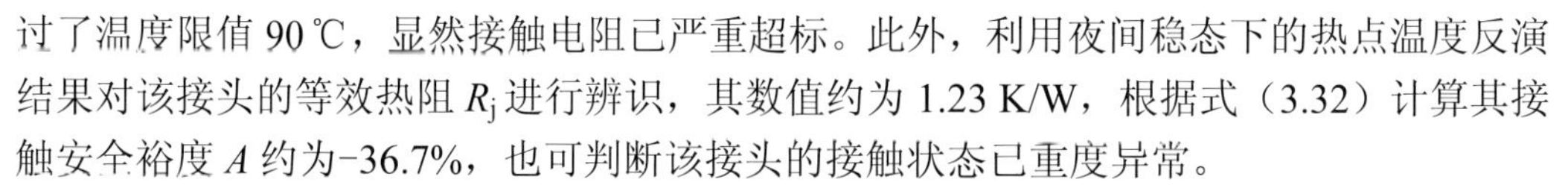

过了温度限值 90℃，显然接触电阻已严重超标。此外，利用夜间稳态下的热点温度反演结果对该接头的等效热阻 R_j 进行辨识，其数值约为 1.23 K/W，根据式（3.32）计算其接触安全裕度 A 约为−36.7%，也可判断该接头的接触状态已重度异常。

从图 4.15 中可见，温度反演值与测量值跟随性良好，额定电流下的稳态反演误差在 0～5 K 之间，在 8 月 29 日、8 月 30 日和 9 月 3 日三天凌晨的稳态误差很小，而 9 月 1 日、9 月 2 日凌晨的稳态误差偏大，这或许与两日天气的变化有关，说明相比于接触电阻正常时的情况，接触电阻异常时的反演结果相对更容易受环境变化影响，但稳态误差 5 K 仍在可接受范围之内，因此所提算法是可以有效反映接头内部异常发热的。而在电流突变过程中暂态误差较大，最大达到了约 10 K，误差原因在 3.3.1 节中已有详细分析，此处不再赘述。考虑实际负荷变化较平缓。总体而言反演效果理想。

4.4 本 章 小 结

本章将温度反演技术应用于实际绝缘管母接头，通过开展大量温升试验，充分验证了本书所提方法的准确性，主要得到了如下结论：

（1）利用绝缘管母的本体表面温度对本体导体温度进行径向温度反演，对比导体温度测量值发现，当表面温度传感器外包覆隔热层时，导体温度的反演值与测量值吻合良好，在环境变化的条件下绝对误差基本保持±1 K 左右，而当表面温度传感器无隔热层包覆时，本体导体温度反演值会偏低 3～8 K，这有力说明了隔热层能显著降低表面测温的系统误差和随机误差，同时也印证了径向温度反演模型的准确性。

（2）利用特征点处的表面温度对接头热点进行组合反演，热点温度反演值与实际测量值吻合良好。在不同环境条件和电流加载方式下，绕包型接头的最大误差仅约 5 K，稳态反演误差基本在 2 K 以内。接触电阻正常时，屏蔽筒接头的热点温度反演误差不超过 4 K，稳态反演误差不超过 1 K；接触电阻异常时，屏蔽筒接头反演的稳态误差在 0～5 K 之间，暂态误差稍大，最大约 10 K，考虑到实际中负荷很少会发生突变，因而实际误差会低于 10 K，总体而言反演效果良好。

第 5 章

绝缘管母接头动态载流量预测

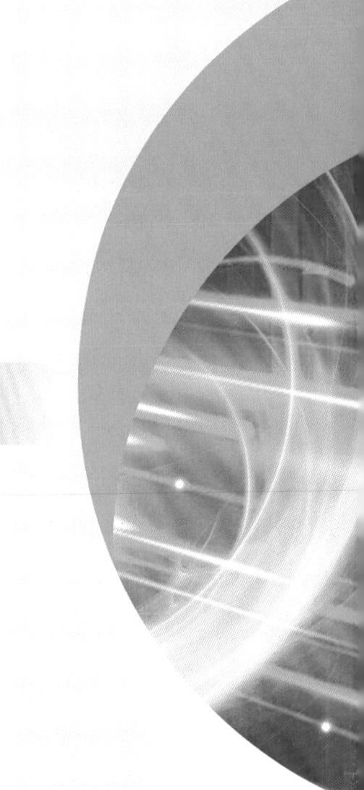

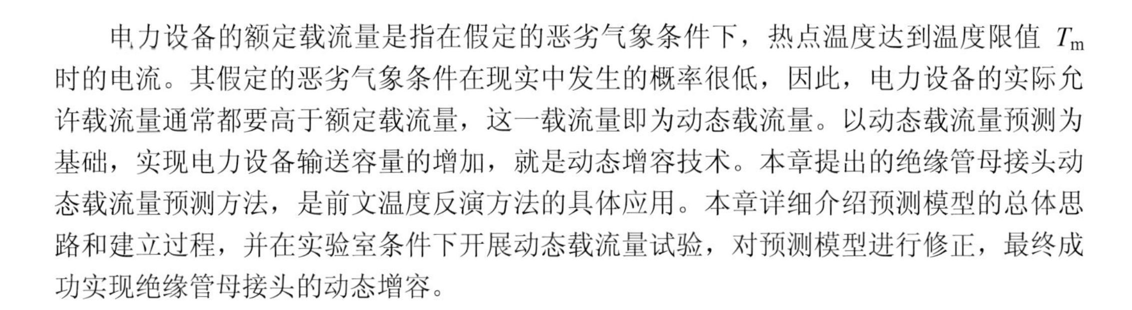

电力设备的额定载流量是指在假定的恶劣气象条件下，热点温度达到温度限值 T_m 时的电流。其假定的恶劣气象条件在现实中发生的概率很低，因此，电力设备的实际允许载流量通常都要高于额定载流量，这一载流量即为动态载流量。以动态载流量预测为基础，实现电力设备输送容量的增加，就是动态增容技术。本章提出的绝缘管母接头动态载流量预测方法，是前文温度反演方法的具体应用。本章详细介绍预测模型的总体思路和建立过程，并在实验室条件下开展动态载流量试验，对预测模型进行修正，最终成功实现绝缘管母接头的动态增容。

5.1 动态载流量滚动预测模型的建立

5.1.1 总体思路

动态载流量与环境因素密切相关，而环境变化的高度随机性决定了动态载流量只能进行短期的准确预测。为实现动态载流量的实时在线预测，以 Δt_d 为时间间隔进行滚动预测，该问题可描述为：在绝缘管母接头结构给定的条件下，已知 t 时刻及之前的负荷电流和表面温度，求 $t+\Delta t_d$ 时刻接头热点温度 T_j 达到最高允许运行温度 T_m 所需加载的电流，此电流即为 $t\sim t+\Delta t_d$ 时段的动态载流量 I_d，依次循环可以实现动态载流量的滚动预测，Δt_d 为动态载流量滚动预测的时间间隔，Δt_d 统一取 1 h。根据相关标准[7,8]，绝缘管母运行时的导体温度限值 T_m 为 90℃。

在 $t+\Delta t_d$ 时刻的接头热点温度 T_j 由两部分构成，一部分是内部焦耳热作用下的导体温升，另一部分是外部各种环境作用下的导体温度，在本书中，前者称为导体发热温升 T_{j1}，后者称为环境致热温度 T_{j2}。理想情况下，动态载流量 I_d 应使得接头热点温度恒等于设备的温度限值 T_m，这样能得到最高的利用率，同时又不会引起设备过热老化，即满足下式：

$$T_j(t+\Delta t_d)=T_{j1}(t+\Delta t_d)+T_{j2}(t+\Delta t_d)=T_m \tag{5.1}$$

动态载流量的预测实质是求解绝缘管母接头的温度场，从结构上来说，绝缘管母接头是一个二维轴对称温度场，但由于边界条件不对称（如太阳辐射上下表面不一致、表面与周围物体热辐射的各向异性），实际温度场又呈现出三维的特性。为简化分析，本书采用一阶热路模型对绝缘管母接头的温度场进行等效，并按照激励的类型对热路进行分解，如图 5.1 所示。

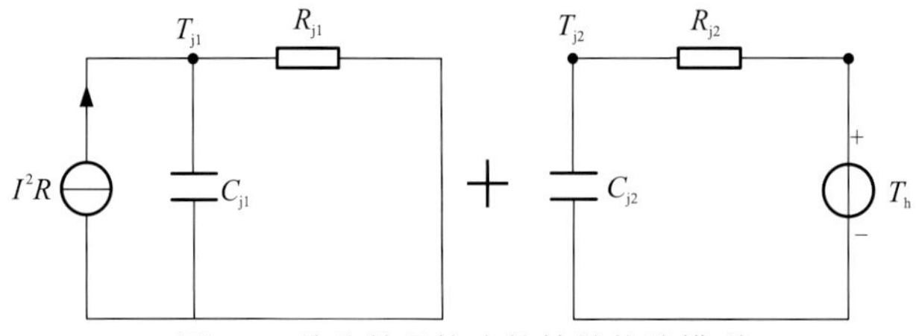

图 5.1　绝缘管母接头的等效热路模型

其中左侧热路表示内部热源激励下的等效热路，R_{j1} 和 C_{j1} 分别为该热路的等效接头热阻、热容，分别表征内部热源作用下对热流的阻碍和热量的存储；I^2R 代表接头导体的视在热功率，并非接触点的实际热功率，因为接头部分的热源既有径向热流分量又有轴向热流分量，为方便起见，本书中设定同一电流下接头热功率不变，而接触电阻的影响体现在接头等效热阻 R_{j1} 上，接触电阻越大，R_{j1} 就越大，R_{j1} 实质上就是 3.1.2 节中定义的接头等效热阻 R_j。

右侧热路为外部环境激励下的等效热路，R_{j2} 和 C_{j2} 分别为该热路的等效接头热阻、热容，分别表征外部环境因素作用下对热流的阻碍和热量的存储，其数值与前述的 R_{j1} 和 C_{j1} 并不相同；T_h 为等效环境温度，该温度包含了真实环境温度 T_∞ 和其他环境因素的综合作用，这一等效大大简化了分析，因为风雨、日照、热辐射等难以量化的环境因素均可以用这一个参数表达。上述等效的依据如下所述：

设备表面与周围环境的换热可用下式表达：

$$q = h_0(T_s - T_\infty) + q_+ - q_- \tag{5.2}$$

式中，q 为表面对周围环境散热的总热流密度；h_0 表示无风雨、日照情况下的复合对流换热系数，包括了纯对流引起的散热和对周围物体辐射的散热；T_s 为表面温度；T_∞ 为真实环境温度；q_+ 为各种散热增加项；q_- 为各种表面吸热项。将式（5.2）进行变换可得

$$q = h_0\left[T_s - \left(T_\infty + \frac{q_- - q_+}{h_0}\right)\right] = h_0(T_s - T_h) \tag{5.3}$$

由式（5.3）可见，所有环境因素均可用等效环境温度 T_h 体现。

根据图 5.1 的等效热路模型，T_{j1} 和 T_{j2} 可表达为稳态温升和暂态温升之和，仿照一阶动态电路的计算公式可得

$$T_{j1}(t+\Delta t_d) = I_d^2(t \sim t+\Delta t_d)RR_{j1} + [T_{j1}(t) - I_d^2(t \sim t+\Delta t_d)RR_{j1}]\exp(-\Delta t_d / \tau_{j1}) \tag{5.4}$$

$$T_{j2}(t+\Delta t_d) = T_h(t+\Delta t_d) + [T_{j2}(t) - T_h(t+\Delta t_d)]\exp(-\Delta t_d / \tau_{j2}) \tag{5.5}$$

式中，等号右边第一项表示稳态温升，第二项为暂态温升，τ_{j1} 和 τ_{j2} 为时间常数，分别等于 $C_{j1}R_{j1}$ 和 $C_{j2}R_{j2}$，$I_d(t \sim t+\Delta t_d)$为 $t \sim t+\Delta t_d$ 时段的动态载流量，在该时段内为一常数。上述公式右侧中除 $T_h(t+\Delta t_d)$是未知的外，其余参数都是常数或是 t 时刻的数值，$T_h(t+\Delta t_d)$可通过 T_h 的历史数据构造时间序列预测模型进行预测；由于 T_{j2} 由 T_h 决定，也可以直接通过 T_{j2} 的历史数据构造时间序列预测模型对 $T_{j2}(t+\Delta t_d)$进行预测，实际上 T_{j2} 的数据较 T_h 更为平滑，预测效果更好，故本书采用第二种方法，即通过 T_{j2} 的历史数据构造时间序列预测模型，直接对 $T_{j2}(t+\Delta t_d)$进行预测，最后结合式（5.1）和式（5.4）可以得到动态载流量的预测公式如下：

$$I_d(t \sim t+\Delta t_d) = \sqrt{\frac{T_m - T_{j2}(t+\Delta t_d) - T_{j1}(t)\exp(-\Delta t_d / \tau_{j1})}{RR_{j1}[1 - \exp(-\Delta t_d / \tau_{j1})]}} \tag{5.6}$$

式(5.6)中的未知量包括阻容参数 R_{j1}、τ_{j1} 和 τ_{j2} 以及下一时刻的环境致热温度 $T_{j2}(t+\Delta t_d)$，下面将分析上述各未知量的获取方法。

5.1.2 接头等效阻容参数的辨识

1. 外部环境激励下接头的时间常数

外部环境激励下接头的时间常数 τ_{j2} 可通过暂态温度场仿真拟合获取：绝缘管母初始温度设为 25 ℃，令 t=0 时刻的环境温度从 25 ℃突变为 65 ℃，电流始终为 0，提取接头导体的温升曲线，采用指数函数对曲线进行拟合，就可以得到对应的时间常数 τ_{j2}。

本算例中，仿真的接头导体温升曲线和指数函数拟合曲线如图 5.2 所示，除前 5 min 拟合误差较大外，其余时间段拟合效果良好，其中绕包型接头的时间常数 τ_{j2}=4 545 s，屏蔽筒接头的时间常数 τ_{j2}=4 894 s。

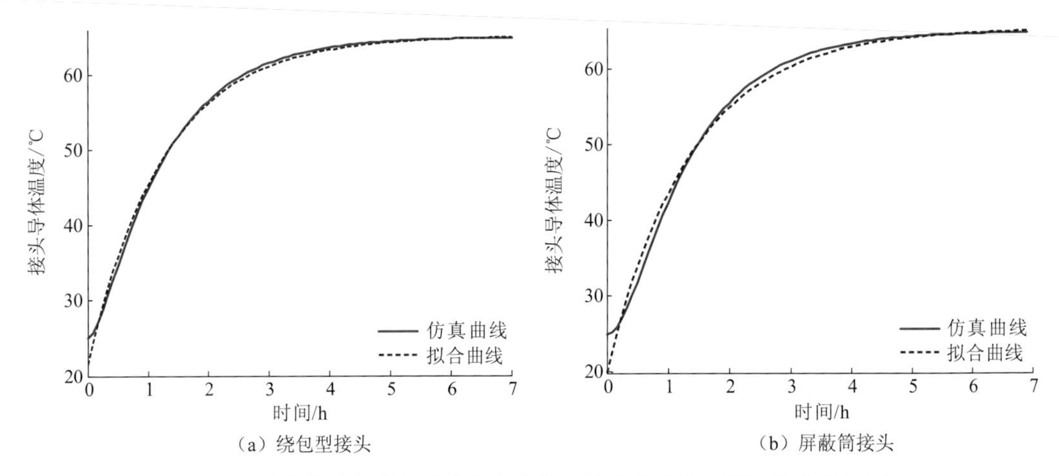

图 5.2 仿真的接头导体温升曲线和指数函数拟合曲线（环境温度作用下）

需要指出的是，严格地讲，屏蔽筒内的对流-辐射传热具有弱非线性，即 τ_{j2} 并非常数，但是等效环境温度 T_h 变化缓慢，因此 τ_{j2} 即使存在一定误差，也不会对动态载流量 I_d 的预测造成明显影响，故在本书中屏蔽筒接头的 τ_{j2} 当作常数处理。

2. 内部热源作用下接头的时间常数

内部热源作用下接头的时间常数 τ_{j1} 辨识方法与前述 τ_{j2} 类似，也是通过暂态温度场仿真拟合获取。但 τ_{j1} 与接触电阻有关，且屏蔽筒接头的 τ_{j1} 还与环境温度和电流相关，要准确考虑各个因素的影响难度很大。事实上，由于温度场仿真结果与实际接头的温度分布本身就存在差异，τ_{j1} 的辨识具有一定的不确定性。为了简化问题，本书将 τ_{j1} 当作常数处理，以最典型的工况为代表开展暂态温度场仿真，进而提取出接头的 τ_{j1}，在仿真中接触电阻系数 k 统一取为 9，令绝缘管母初始温度和环境温度均为 25 ℃，在 t=0 时刻给绝缘管母施加额定电流 1 250 A，分别计算绕包型接头和屏蔽筒接头的温度场，提取接头导体的温升曲线，采用指数函数对曲线进行拟合，如图 5.3 所示，拟合效果良好，其中绕包型接头的时间常数 τ_{j1}=4 000 s，屏蔽筒接头的时间常数 τ_{j1}=3 600 s。

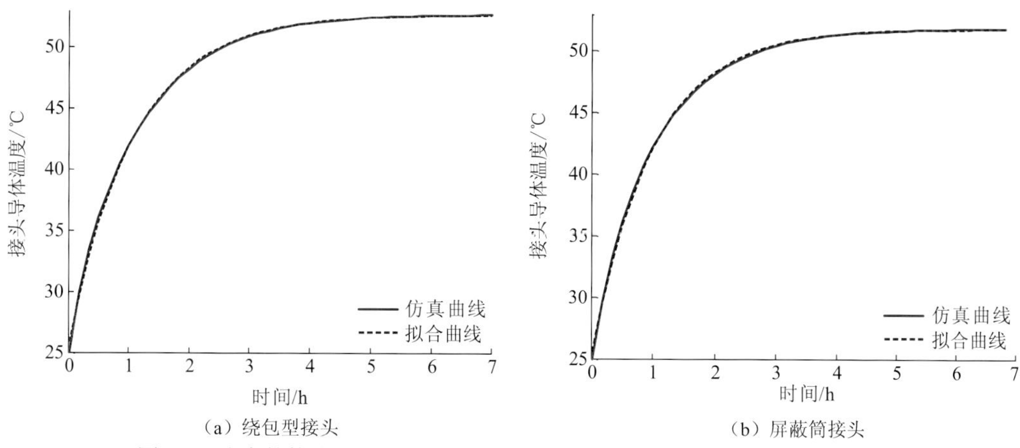

（a）绕包型接头　　（b）屏蔽筒接头

图 5.3　仿真的接头导体温升曲线和指数函数拟合曲线（内部热源作用下）

3. 接头等效热阻

接头等效热阻 R_{j1} 与接触电阻有关，需根据稳态反演的接头导体温度结合电流及测量的环境温度进行辨识，其辨识方法在 3.1.2 节中有详细介绍。在实验室条件下开展了额定电流下的绝缘管母温升试验，根据热点温度反演值和环境温度可计算出绕包型接头和屏蔽筒接头的 R_{j1} 分别约为 0.72 K/W 和 0.81 K/W。

屏蔽筒内的传热属于对流-辐射复合传热，其接头等效热阻 R_{j1} 随环境温度和导体热功率的变化而动态变化，即接头等效热阻 R_{j1} 不再是一个常数，由于 R_{j1} 对动态载流量有着显著的影响，必须要考虑其非线性特性。本书通过稳态温度场仿真，确定 R_{j1} 随等效环境温度 T_h 和电流 I 的变化规律，进而对 R_{j1} 进行修正。

以环境温度 25℃、额定电流 1 250 A 下的接头热阻为基准值，R_{j1} 随电流和环境温度的变化如图 3.27 所示。随着电流的增加，等效热阻近似呈线性降低，经过拟合可得，电流标幺值每增加 1，热阻标幺值下降约 0.15。随着环境温度的增加，等效热阻线性下降，环境温度每增加 1 K，热阻标幺值下降约 0.002 5。

根据上述分析，假设在电流 I_0 和环境温度 T_{h0} 下得到了屏蔽筒接头的等效热阻 R_{j10}，则任意电流 I 和环境温度 T_h 下其等效热阻 R_{j1} 为

$$R_{j1}=R_{j10}\times\left(1-0.15\times\frac{I-I_0}{I_0}\right)\times[1-0.0025\times(T_h-T_{h0})] \tag{5.7}$$

由于屏蔽筒接头热阻具有非线性的特点，接头等效热阻 R_{j1} 由电流 I 决定，而电流 I 又根据 R_{j1} 确定，因此其动态载流量需要进行反复迭代计算，直到收敛。

5.1.3　环境致热温度的时间序列预测模型

1. 等效环境温度的计算方法

等效环境温度 T_h 包含了各种环境因素的综合作用，要直接计算所有因素的吸热和散

热过程十分复杂，几乎不可能计算准确，但各种环境因素的影响都以边界条件的形式体现在了表面温度上，而绝缘管母本体的结构参数和热源均是已知的，因此理论上说可以从绝缘管母的表面温度 T_s 中分离等效环境温度 T_h 的信息，为此本节以绝缘管母本体表面温度为出发点对 T_h 进行计算。在图 3.7 的基础上，建立包含空气热阻的绝缘管母本体等效热路模型如图 5.4 所示，其中，T_{sc} 为表面温度测量值，左侧三个热容、热阻均为绝缘管母本体参数，P_s 为导体热流量，本体所有参数均已知，右侧热阻 R_k 为空气热阻，在理想稳态情况下，等于表面温升与热流量的比值，即$(T_{sc}-T_\infty)/P_s$。假定某段时间 Δt 内（$\Delta t \geqslant 2$ h），负荷 I 波动不超过 10%，环境温度 T_∞ 和绝缘管母表面温度测量值 T_{sc} 波动不超过 0.5 K，则认为接头达到稳态，此时空气热阻 R_k 的计算公式如下：

$$R_k = \frac{\overline{T}_{sc} - \overline{T}_\infty}{\overline{I}^2 R} \tag{5.8}$$

式中，物理量上方的横线表示该物理量在 Δt 时段内的平均值。

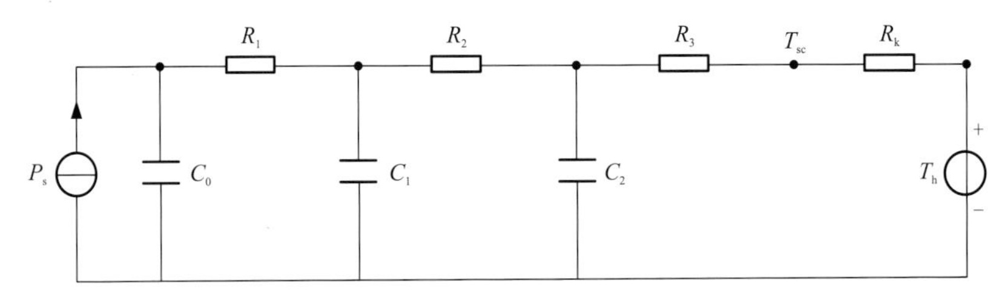

图 5.4　含空气热阻的绝缘管母本体等效热路模型

在实验室开展了额定电流下的绝缘管母温升试验，辨识出空气热阻 R_k 约为 0.31 K/W。

将图 5.4 的线性热路分解为由导体焦耳热激励和由环境激励的两部分，如图 5.5 所示，其中 T_{sj} 为导体焦耳热激励下的本体表面温度，T_{sh} 为环境激励下的本体表面温度，两者之和应等于实际表面温度测量值 T_{sc}。其中，导体焦耳热激励下的热路中所有参数均已知，因此很容易求得 T_{sj}，进而可以得到 $T_{sh}=T_{sc}-T_{sj}$，关键是如何通过 T_{sh} 得到等效环境温度 T_h。

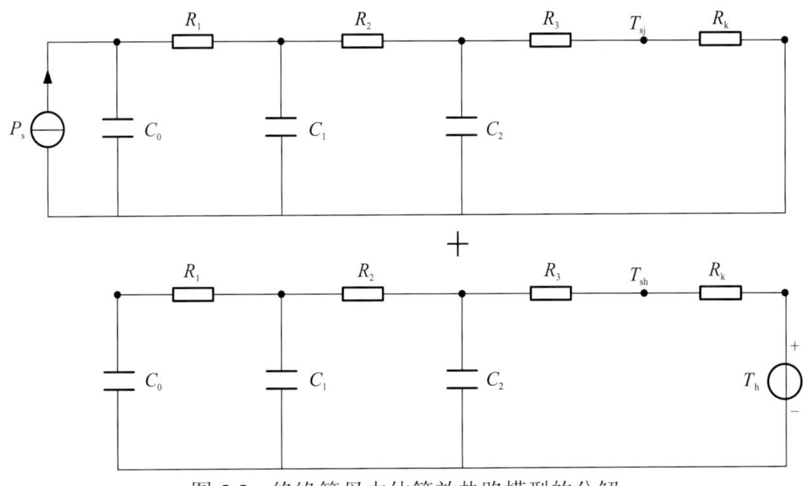

图 5.5　绝缘管母本体等效热路模型的分解

根据电路中的替代定理，在 T_{sh} 已知的情况下，节点 T_{sh} 右侧热路的空气部分可以等效为一个热压源，如图 5.6 所示，容易求得 R_2 和 R_3 之间的节点温度 T_{s0}，进而根据图 5.5 可以得到等效环境温度 T_h：

$$T_h = T_{sh} + (T_{sh} - T_{s0}) R_k / R_3 \tag{5.9}$$

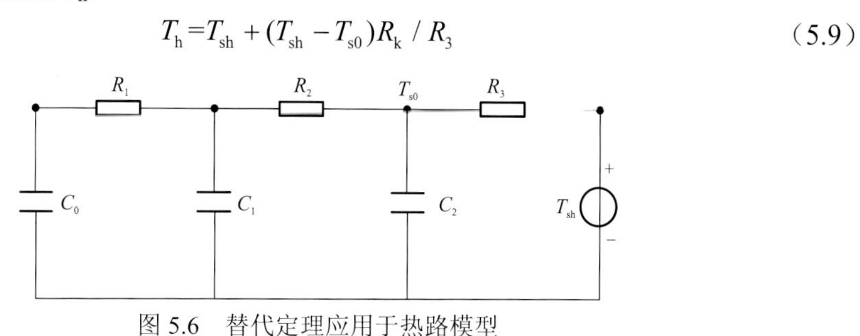

图 5.6　替代定理应用于热路模型

2. 环境致热温度的计算方法

在求得等效环境温度 T_h 后，代入式（5.5）即可求得对应时刻的环境致热温度 T_{j2}。

3. 环境致热温度的预测原理

本书采用时间序列分析法对 T_{j2} 进行滚动预测，通过历史数据寻找环境致热温度的变化规律，并拟合出适当的数学模型来描述这种规律。

时间序列的分析方法有很多，根据序列的平稳性，通常可以分为自回归移动平均模型（autoregressive moving average model，ARMA model）和差分自回归移动平均模型（autoregressive integrated moving average model，ARIMA model）两种[144]，前者处理平稳序列，后者处理非平稳序列，环境致热温度是一个典型的非平稳时间序列，因此本书采用 ARIMA 预测模型。

（1）ARIMA 建模总体步骤。

ARIMA 预测模型的建立步骤如下：

①通过差分运算，将非平稳序列转化为平稳序列；

②检验差分序列是否为白噪声，若不是白噪声说明序列之间存在相关性，可以进行预测，否则无法进行预测；

③确定模型合适的阶数；

④估计模型中未知参数的值；

⑤进行模型和参数的显著性检验；

⑥利用拟合模型，预测序列的未来走势。

（2）非平稳时间序列差分运算。

在统计研究中，常用按时间序列排列的一组随机变量 $X_1, X_2, \cdots, X_t, \cdots$ 来表示一个随机事件的时间序列，简记为 $\{X_t\}$。用 $\{x_t, t=1, 2, \cdots, n\}$ 来表示该随机序列的 n 个有序观察值，称为序列长度为 n 的观察值序列。

相距一期的两个序列值之间的减法运算称为 1 阶差分运算。记 ∇x_t 为 x_t 的 1 阶差分：

$$\nabla x_t = x_t - x_{t-1} \tag{5.10}$$

对 1 阶差分序列再进行一次 1 阶差分运算称为 2 阶差分：

$$\nabla^2 x_t = \nabla x_t - \nabla x_{t-1} \tag{5.11}$$

以此类推，对 $p-1$ 阶差分序列再进行一次 1 阶差分运算可以得到 p 阶差分。

研究表明，通常低阶差分就可以将非平稳序列转化为平稳序列，这是后续进一步进行预测的基础，其中序列平稳性的检验方法包括 DF（Dickey-Fuller，迪基-富勒）检验、ADF（Augmented Dickey-Fuller，增广迪基-富勒）检验和 PP（Phillips Perron，菲利普斯佩龙）检验等。

（3）白噪声检验。

平稳序列有一套十分成熟的建模方法，但并不是所有的平稳序列都值得建模，只有那些序列值之间具有密切的相关关系、历史数据对未来发展有一定影响的序列，才能预测序列的未来发展。如果序列值之间没有任何关联，过去的行为对将来的发展没有丝毫影响，这种序列称为纯随机序列，又称为白噪声序列，从统计分析角度来说，纯随机序列是没有任何分析价值的序列，因此需要对平稳序列进行纯随机性检验。

通常通过构造 LB（ljung box）统计量来检验序列的纯随机性，原假设为序列是纯随机序列，若 LB 统计量值对应的概率 P 值大于显著性水平 0.05，则序列不能拒绝纯随机性的原假设，否则序列为非纯随机序列，可以进行预测。

（4）ARIMA 数学模型。

在得到差分平稳非白噪声序列后就可以使用 ARIMA 模型进行拟合。在介绍 ARIMA 数学模型前先引入 ARMA 的数学模型，如下所示：

$$\begin{cases} x_t = \phi_0 + \phi_1 x_{t-1} + \cdots + \phi_p x_{t-p} + \varepsilon_t - \theta_1 \varepsilon_{t-1} - \cdots - \theta_q \varepsilon_{t-q} \\ \phi_p \neq 0, \theta_q \neq 0 \\ E(\varepsilon_t) = 0, \operatorname{Var}(\varepsilon_t) = \sigma_\varepsilon^{\ 2}, E(\varepsilon_t \varepsilon_s) = 0, s \neq t \\ E(x_s \varepsilon_t) = 0, \forall s < t \end{cases} \tag{5.12}$$

式中，ϕ_i 和 θ_i 为待定系数；ε_t 为 t 时刻的预测残差，为零均值白噪声序列。

式（5.12）说明 x_t 为前期历史数据和残差的多元线性函数，p 为自回归阶数，q 为移动平均阶数，上述模型为 ARMA(p, q)模型。但 ARMA 模型仅适用于平稳序列，为了扩展其在非平稳序列中的适用性，又提出了 ARIMA 模型，它是通过差分运算将非平稳序列转化为平稳序列后采用 ARMA 模型进行拟合。将式（5.12）中的 x_t 替换为 d 阶差分 $\nabla^d x_t$，可得 ARIMA(p, d, q)的数学模型如下：

$$\begin{cases} \nabla^d x_t = \phi_0 + \phi_1 \nabla^d x_{t-1} + \cdots + \phi_p \nabla^d x_{t-p} + \varepsilon_t - \theta_1 \varepsilon_{t-1} - \cdots - \theta_q \varepsilon_{t-q} \\ \phi_p \neq 0, \theta_q \neq 0 \\ E(\varepsilon_t) = 0, \operatorname{Var}(\varepsilon_t) = \sigma_\varepsilon^{\ 2}, E(\varepsilon_t \varepsilon_s) = 0, s \neq t \\ E(x_s \varepsilon_t) = 0, \forall s < t \end{cases} \tag{5.13}$$

（5）ARIMA 模型的定阶。

ARIMA 模型的定阶即确定自回归阶数 p 和移动平均阶数 q。同一个序列可以构造多个拟合模型，不同模型的性能通过 SBC（Schwartz Bayesian cirterion，施瓦茨-贝叶斯准则）进行量化。该准则的指导思想是一个拟合模型的性能可以从两方面去考察：一方面是常用来衡量拟合程度的似然函数值，另一方面是模型中未知参数的个数，未知参数越多，说明模型中的自变量越多，未知风险越大，泛化性能越低。

对于 ARIMA(p,d,q)模型，SBC 函数的计算公式如下：

$$\mathrm{SBC}=n\ln\hat{\sigma}_{\varepsilon}^{2}+(\ln n)(p+q+2) \tag{5.14}$$

式中，n 为样本容量；σ_{ε}^{2} 为拟合方差。

使 SBC 函数达到最小的模型被认为是最优模型。

（6）ARIMA 模型参数估计。

ARIMA 模型参数包括$\phi_0,\cdots,\phi_p,\theta_1,\cdots,\theta_q,\sigma_{\varepsilon}{}^2$一共 $p+q+2$ 个，可通过矩估计、极大似然估计和最小二乘估计三种方法进行估计。

（7）ARIMA 模型的检验。

确定了模型参数后，还需要对拟合模型进行必要的检验，包括模型的显著性检验和参数的显著性检验两方面。

模型的显著性检验主要是检验模型的有效性，一个模型是否显著有效主要是看它提取的信息是否充分，一个好的拟合模型应该能够提取观察值序列中几乎所有的样本相关信息，换言之，拟合残差项中不再包含任何相关信息，即残差序列应该为白噪声序列，这样的模型称为显著有效模型。反之，如果残差序列为非白噪声序列，那就意味着残差序列中还残留着相关信息未被提取，这就说明拟合模型不够有效，通常需要选择其他模型，重新拟合。

参数的显著性检验就是要检验未知参数是否显著非零，这个检验的目的是使模型最精简。如果某参数不显著，就表示该参数所对应的那个自变量对因变量的影响不明显，该自变量就可从拟合模型中剔除，最终模型将由一系列参数显著非零的自变量表示。

4. 环境致热温度预测模型的建立

（1）试验数据样本集。

本书所用的数据样本集均通过实验室的绝缘管母获取，首先通过本体表面温度和电流提取等效环境温度 T_{h}，然后通过式（5.5）计算环境致热温度 T_{j2}，构成了数据样本集。选取了共 10 组连续测量数据作为样本，并将原始数据以 1 h 为间隔进行采样，各样本名称和对应日期汇总于表 5.1 中。其中样本 8 的容量最大，持续了 23 天，因此本书以样本 8 的数据作为训练样本，在表中用斜体加粗表示，对其余 9 组数据进行预测。

表 5.1　样本名称及日期

样本名称	日期	持续天数
样本 1	2019-10-15—2019-10-24	10
样本 2	2019-10-24—2019-11-7	14
样本 3	2019-11-7—2019-11-18	12

续表

样本名称	日期	持续天数
样本 4	2019-12-3—2019-12-11	9
样本 5	2020-12-12—2020-12-30	19
样本 6	2020-12-31—2020-1-15	16
样本 7	2020-1-26—2020-2-9	15
样本 8	***2020-2-18—2020-3-11***	***23***
样本 9	2020-3-15—2020-3-30	16
样本 10	2020-3-31—2020-4-15	16

需要指出的是，由于绕包型接头和屏蔽筒接头的 τ_{j2} 差异很小，可近似认为两者的环境致热温度 T_{j2} 相等，因此可以用一个统一的模型对 T_{j2} 进行预测。

（2）ARIMA 模型的训练。

① 序列平稳化处理。

训练样本的时间序列如图 5.7 所示，从图中可见，序列呈现出明显的非平稳性，ADF 检验显示该序列为非平稳序列，因此尝试采用一阶差分运算进行处理，得到的序列如图 5.8 所示，序列呈现出平稳序列的特性，通过 ADF 检验表明该序列平稳，进一步采用 LB 统计量检验一阶差分序列的纯随机性，结果显示该差分序列为非白噪声序列，具有明显的自相关性，因此可以从中提取信息进行建模预测。

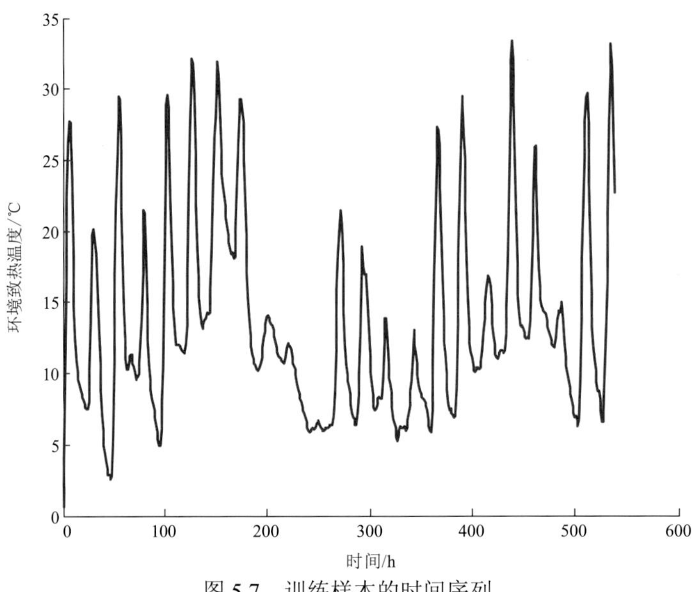

图 5.7　训练样本的时间序列

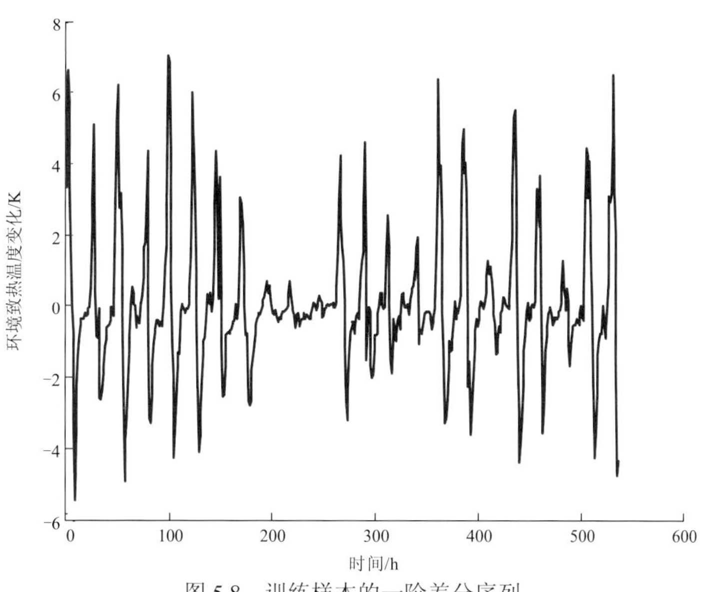

图 5.8　训练样本的一阶差分序列

②模型定阶。

根据公式计算不同阶数下拟合模型的 SBC 函数值，如表 5.2 所示，可得到最优模型对应的阶数为 $p=2$，$q=2$，因此采用 ARIMA(2,1,2)进行拟合。

表 5.2　不同阶数下拟合模型的 SBC 函数值

q	p							
	1	2	3	4	5	6	7	8
1	−83.74	−136.29	−104.58	−162.82	−158.23	−121.36	−115.07	−109.73
2	−87.00	***−173.74***	−168.06	−164.65	−158.37	−152.08	−146.52	−144.19
3	−95.02	−167.69	−162.77	−159.08	−153.00	−146.72	−140.54	−105.06
4	−89.76	−163.13	−157.22	−152.90	−146.73	−159.67	−153.52	−137.35
5	−91.84	−157.44	−152.00	−146.65	−117.31	−141.21	−106.90	−143.93
6	−86.26	−153.80	−119.04	−113.43	−147.62	−120.81	−123.39	−110.52
7	−122.69	−148.29	−113.97	−115.36	−109.12	−105.87	−122.03	−114.68
8	−127.96	−143.06	−137.15	−131.80	−139.59	−96.53	−116.41	−128.02

③模型拟合。

采用极大似然法对参数进行估计，发现常数项ϕ_0不显著，可从模型中剔除，得到最终的回归表达式如下：

$$x_t = 2.7339x_{t-1} - 2.5596x_{t-2} + 0.82574x_{t-3} - 0.58461\varepsilon_{t-1} - 0.33713\varepsilon_{t-2} + \varepsilon_t \qquad (5.15)$$

④模型检验。

模型拟合残差如图 5.9 所示，采用 LB 统计量进行检验，结果显示该残差序列为白噪声序列，说明拟合模型充分地提取出了序列中的有效信息，ARIMA 模型训练成功。

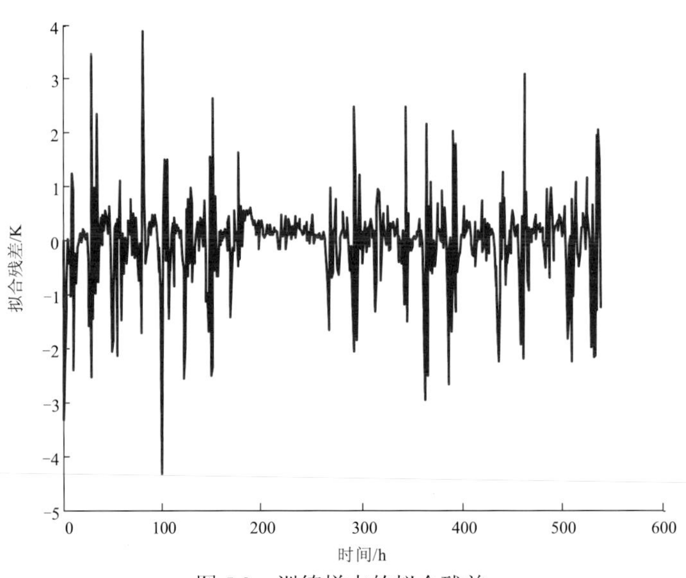

图 5.9　训练样本的拟合残差

（3）ARIMA 模型预测效果验证。

采用前述训练好的 ARIMA 模型对其余 9 组测试样本进行预测，结果如图 5.10 所示，从图中可见，时间序列预测值跟随性良好，基本围绕试验值附近小幅度波动，没有明显偏大或偏小趋势，最大误差小于 5 K，平均绝对误差不到 0.6 K，预测效果较为理想。

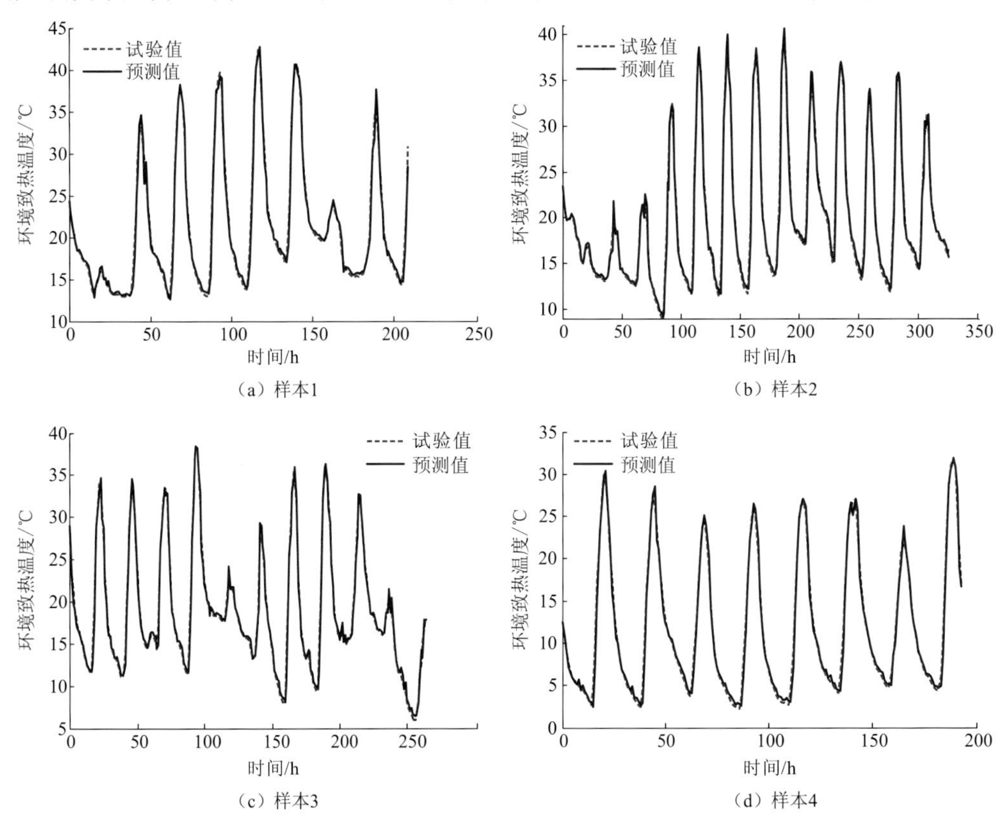

（a）样本1　（b）样本2　（c）样本3　（d）样本4

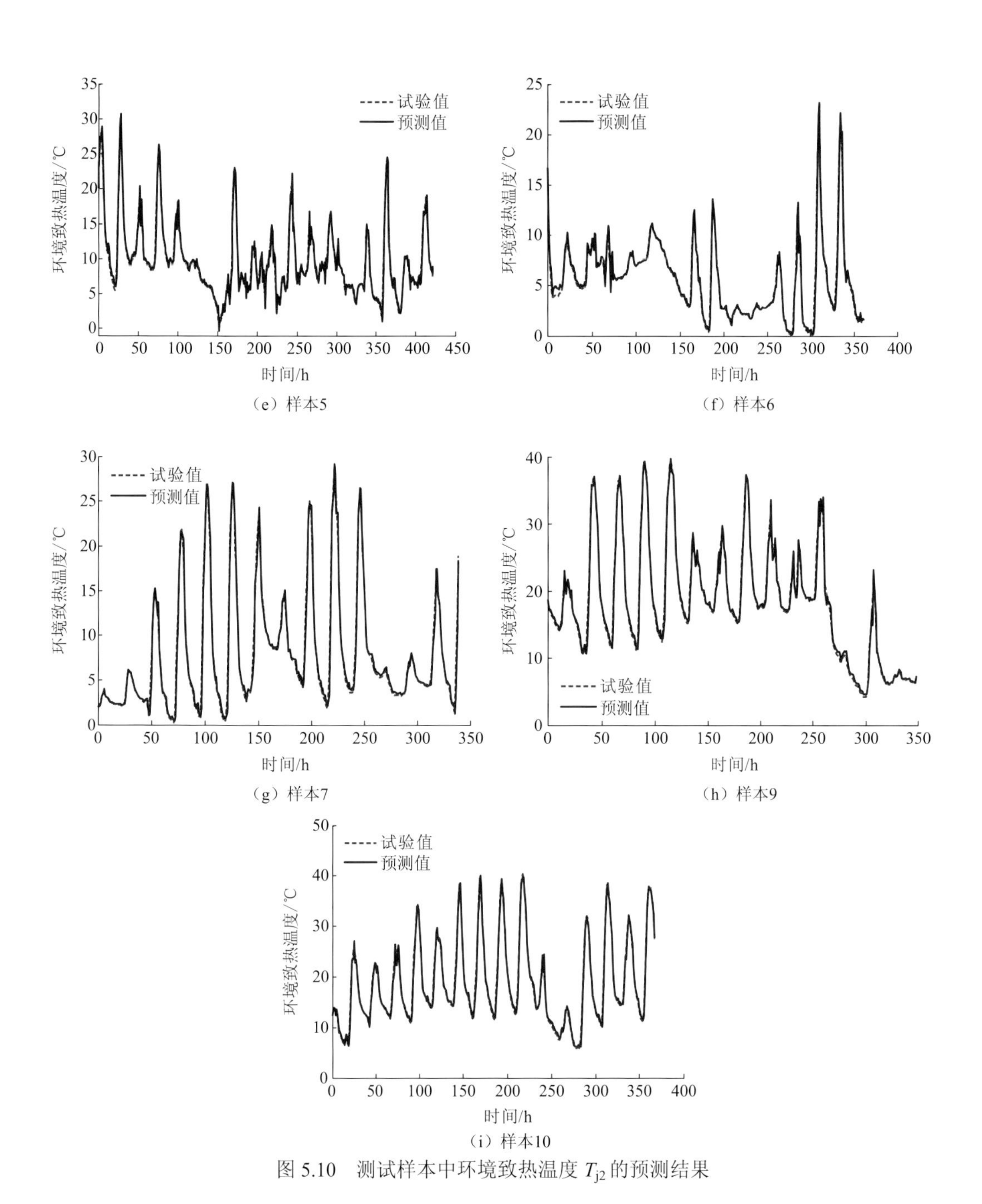

图 5.10 测试样本中环境致热温度 T_{j2} 的预测结果

（4）不同预测模型的对比。

除 ARIMA 模型外，本书还尝试采用 BP 人工神经网络、支持向量回归机（support vector regression，SVR）和长短期记忆人工神经（long short term memory，LSTM）网络等人工智能算法进行回归预测。以最大误差、平均绝对误差和平均误差三个指标来评价不同模型的性能，其中平均误差代表了预测值的偏置程度，当平均误差接近 0 时模型具有无偏性，表明该模型性能优良，不同模型的误差指标汇总于表 5.3。ARIMA 模型各项指标均远优于其余三种方法，BP 人工神经网络预测效果最差，LSTM 和 SVR 模型差异不大，介于 ARIMA 和 BP 人工神经网络之间，上述对比说明了 ARIMA 模型的优越性。

表 5.3　不同预测模型的误差指标

预测模型	最大误差/K	平均绝对误差/K	平均误差/K
ARIMA	4.31	0.53	0.01
LSTM	7.06	0.68	0.09
SVR	6.05	0.65	0.12
BP 人工神经网络	9.69	1.01	-0.10

5.2　试验验证与分析

5.2.1　试验方法

为验证前述动态载流量预测模型的有效性，利用第 4 章中搭建的试验平台开展了温升试验，需要指出的是，动态增容必须在接触电阻正常的接头上进行，对于接触不良的接头，额定电流下运行尚且存在风险，显然不宜对其再进行增容，因而本书仅对接触状态正常的接头进行增容。动态载流量试验的具体步骤如下：

（1）在进行动态载流量试验前，先在绝缘管母中通以额定电流，模拟实际设备动态增容前的带负荷情况；

（2）在某一时刻 t_0 预测下 1 h 内的动态载流量 I_d，并在绝缘管母中施加该电流 I_d，记录接头热点温度随时间的变化；

（3）以 1 h 为时间间隔，重复步骤（2）对绝缘管母接头的动态载流量进行滚动预测，若接头热点温度始终低于且接近温度限值 90 ℃，则说明动态载流量预测模型有效，否则预测失败。

5.2.2　绕包型接头的试验结果与分析

1. 第一阶段试验

在第 4 章介绍的试验平台上开展动态载流量试验，针对绕包型接头一共开展了两个阶段的试验，第一阶段试验中式（5.6）的温度限值 T_m 设为 90 ℃，进行了两次试验，两次试验均在上午 8 点左右开始增容，增容前绝缘管母中通入额定电流达到稳态，第一次测试持续到了下午 6 点左右，第二次测试持续到了午夜，测试结果如图 5.11 所示。根据前述分析，在动态增容的每 1 h 内应施加恒定的电流，而试验中的电流在 1 h 内并非常数，而是围绕着某个值上下波动，这是因为一方面调压器输入侧的市电存在波动，另一方面，铜管导体的电阻率受温度的影响而变化，从而造成了电流的变化，但电流波动的相对幅度不大，可近似为恒定电流。

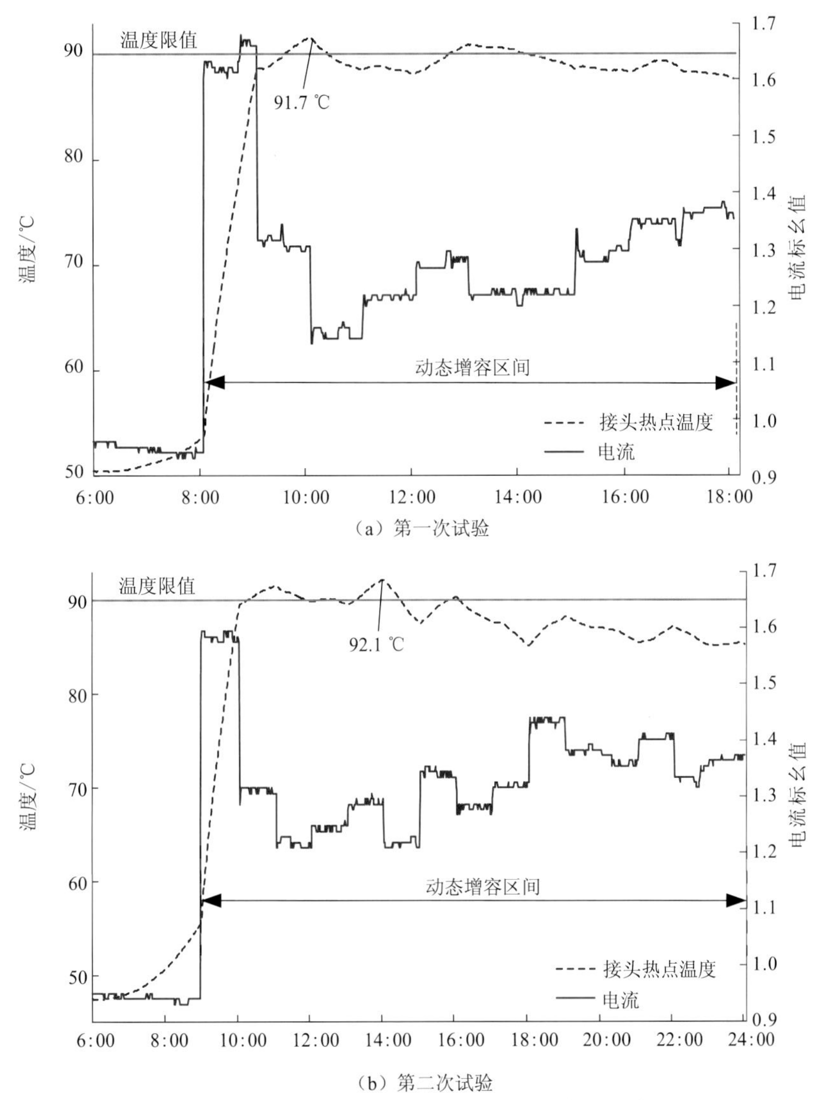

图 5.11　绕包型接头第一阶段动态载流量试验

从图 5.11 中可见，由于额定电流下导体温度远低于温度限值，在动态增容初始阶段动态载流量最大，能超过额定电流的 60%，此后载流量下降，并随着环境的变化而动态变化，在白天载流量较低，夜间载流量较高，动态增容比例在 10%～50%之间变化，由于本次试验在夏季开展，可以想见在冬季接头的动态载流量将会大幅度提升。试验中导体温度围绕着 90 ℃上下波动，两次试验中热点最高温度均略高于该温度限值，分别为 91.7 ℃和 92.1 ℃，会导致绝缘加速老化。在理想情况下动态增容应使得导体温度稳定地保持在 90 ℃，而实际中难免存在一定偏差，下面对动态载流量预测的误差来源进行分析。

深入分析动态载流量的预测原理，要准确预测动态载流量需满足如下两个条件：

①能准确计算当前时刻的导体发热温升 $T_{j1}(t)$和环境致热温度 $T_{j2}(t)$，进而得到此时的接头热点温度 $T_j(t)=T_{j1}(t)+T_{j2}(t)$。事实上，两者均存在一定的误差，即估算出来的 $T_{j1}(t)+T_{j2}(t)$并非实际的接头热点温度 $T_j(t)$，这一误差称为“估算误差” e_1。

②能准确预测下一时刻的环境致热温度 $T_{j2}(t+\Delta t_d)$，进而根据热点温度 T_j 等于温度限值 T_m 的约束 $T_j(t+\Delta t_d)=T_{j1}(t+\Delta t_d)+T_{j2}(t+\Delta t_d)=T_m$，确定动态载流量。$T_{j2}(t+\Delta t_d)$是根据 $T_{j2}(t)$的历史数据构造时间序列预测模型得到的，必然存在误差，称为“预测误差” e_2。

综上所述，在动态增容中，接头热点温度 T_j 与温度限值 T_m 的理论偏差 $e=T_j-T_m$ 应等于 e_1+e_2。下面分别对 e_1 和 e_2 进行分析。

（1）估算误差 e_1。

根据前述分析，估算误差是接头热点温度的估算值与实测值的偏差，即

$$e_1(t)=T_j(t)-T_{j1}(t)-T_{j2}(t) \tag{5.16}$$

两次动态载流量试验的接头热点温度实测值和估算值如图 5.12、图 5.13 所示，从图中可见，估算值整体比实测值高，在白天两者较为接近，第一次试验中估算值均高于实测值，第二次试验中，估算值在绝大多数时间也高于实测值，仅在正午时分比实测值低约 0.7 K，而夜晚估算值则会明显偏高，最大偏高超 4 K，而且电流越大，偏高越明显，由于白天存在日照，情况相对复杂，下面先分析夜晚的情况。

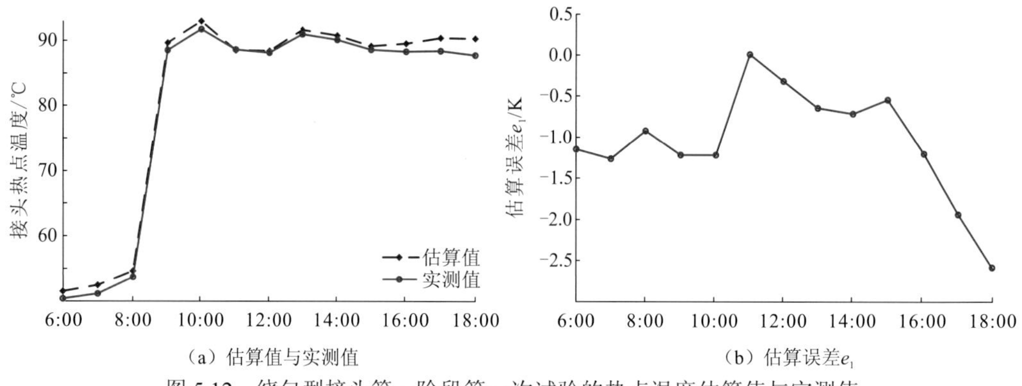

（a）估算值与实测值　　（b）估算误差e_1

图 5.12　绕包型接头第一阶段第一次试验的热点温度估算值与实测值

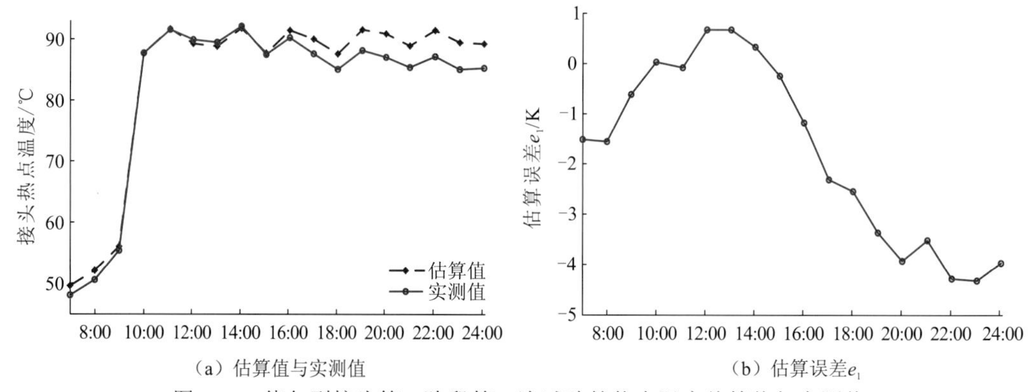

（a）估算值与实测值　　（b）估算误差e_1

图 5.13　绕包型接头第一阶段第二次试验的热点温度估算值与实测值

在夜晚，气温变化缓慢，且不存在日照，可近似认为温度达到了稳态，此时的热点温度 T_j 近似为稳态温升 $I_d^2RR_{j1}$ 和环境温度 T_h 之和。由于电流越大，估算偏差越大，可以猜测是 R_{j1} 的估算值偏大造成的。R_{j1} 是根据热点温度的反演值而非实测值估算的，因此 R_{j1} 不可避免地存在辨识误差，试验中热点温度反演值比实测值偏大 1 K，利用温度反演值得到的 R_{j1} 估算结果为 0.72 K/W，而利用热点温度实测值得到的 R_{j1} 为 0.69 K/W。

利用热点温度实测值辨识的 R_{j1} 对热点温度进行估算，结果如图 5.14 所示，可见，采用实测值辨识 R_{j1} 后，夜晚稳态估算误差有明显减小，说明稳态估算误差的确是由 R_{j1} 的辨识误差造成的，但在实际应用中热点温度不可能直接测量，R_{j1} 的辨识误差是无法消除的。

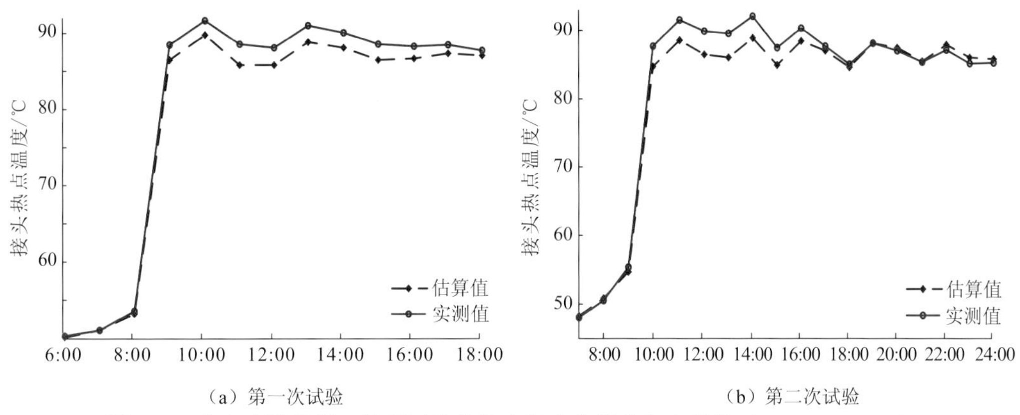

图 5.14　绕包型接头第一阶段试验的热点温度估算值与实测值（R_{j1} = 0.69 K/W）

在白天估算误差 e_1 会有所偏大，可能与太阳辐射有关，太阳辐射的存在对等效环境温度 $T_h(t)$的估算可能存在一些未知影响，导致 $T_{j2}(t)$偏低，因而相应的热点温度估算值也会偏低。

下面再分析时间常数 τ_{j1} 对接头热点温度估算值的影响。根据仿真结果 τ_{j1} 取值为 4 000 s，而通过对实测的接头热点温升曲线进行拟合，得到 τ_{j1} 的实际值为 3 700 s，拟合曲线如图 5.15 所示。

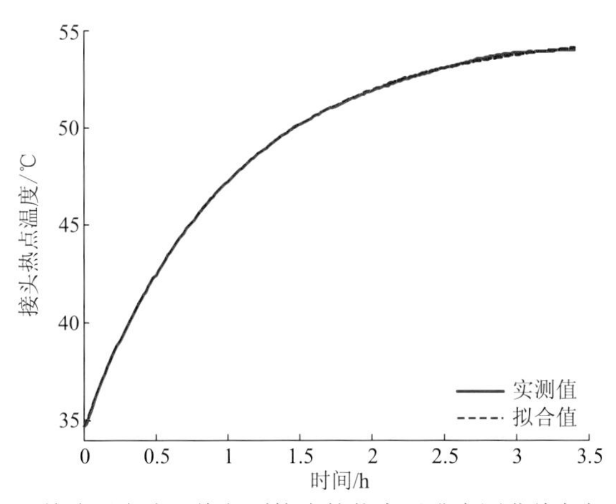

图 5.15　单阶跃电流下绕包型接头的热点温升实测曲线与拟合曲线

将不同的 τ_{j1} 代入式（5.16）中计算估算误差 e_1，结果如图 5.16 所示，其中 R_{j1} 采用的是根据热点温度实测值估算的结果 0.69 K/W。从图 5.16 中可见，τ_{j1} 对温度估算的总体影响不大，τ_{j1} 取值为 4 000 s 和 3 700 s 时的温度差异最大仅为 1.5 K，且差异主要在增容初始的 1～2 h，稳态下的温度与时间常数无关。此外，R_{j1} 通过实测值辨识得到而存在误差，当 R_{j1} 取为 0.72 K/W 时，τ_{j1} 为 3 700 s 的估算误差 e_1 甚至大于 τ_{j1} 为 4 000 s 的误差，如图 5.17 所示。综上，本书根据仿真结果将 τ_{j1} 设为 4 000 s 是合理的。

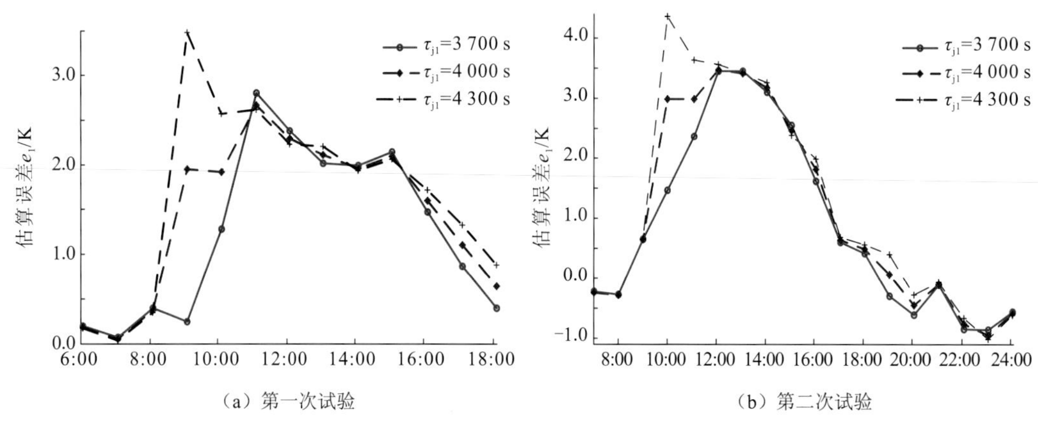

（a）第一次试验　　（b）第二次试验

图 5.16　绕包型接头第一阶段试验的热点温度估算误差 e_1（R_{j1} = 0.69 K/W）

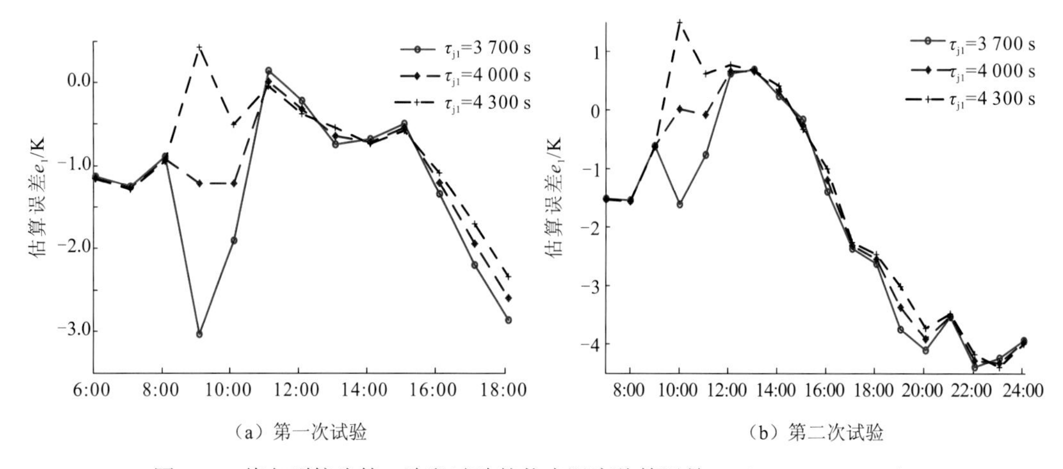

（a）第一次试验　　（b）第二次试验

图 5.17　绕包型接头第一阶段试验的热点温度估算误差 e_1（R_{j1} = 0.72 K/W）

（2）预测误差 e_2。

预测误差 e_2 为时间序列预测模型引入的误差，即 $T_{j2}(t+\Delta t_d)$的预测值与实测值的偏差，其预测结果如图 5.18、图 5.19 所示，从图中可见，预测值围绕着实测值波动，最大误差约 3.1 K。

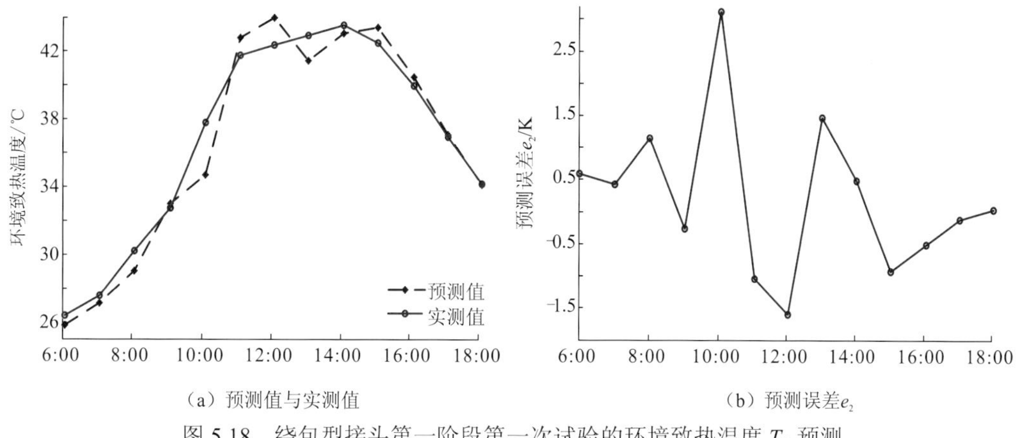

（a）预测值与实测值　　（b）预测误差e_2

图 5.18　绕包型接头第一阶段第一次试验的环境致热温度 T_{j2} 预测

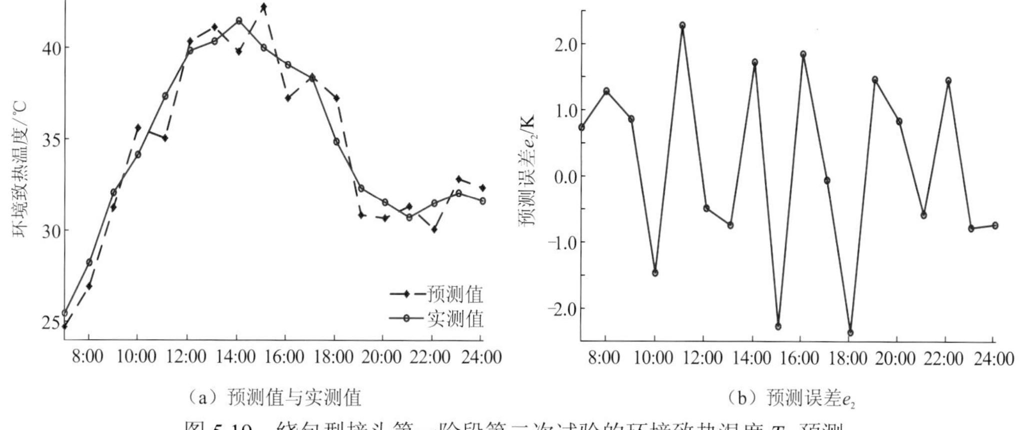

（a）预测值与实测值　　（b）预测误差e_2

图 5.19　绕包型接头第一阶段第二次试验的环境致热温度 T_{j2} 预测

（3）合成误差 e_1+e_2。

理论上说估算误差 e_1 和预测误差 e_2 之和应为实际热点温度 T_j 与温度限值 T_m 的偏差 e，为验证这一观点，将前述得到的合成误差 e_1+e_2 与实测的温度偏差 e 绘制于图 5.20 中，可见，两条曲线的确非常接近，但存在一定偏差，这是因为试验中的电流总存在波动，与预测的动态载流量存在少许偏差，且动态增容的时间很难刚好控制为 60 min。但总体而言差异不大，可以认为合成误差 e_1+e_2 就是实际误差 e，即

$$T_j - T_m = e_1 + e_2 \tag{5.17}$$

根据前述分析可知，估算误差 e_1 的来源为接头热阻的辨识误差，预测误差 e_2 为时间序列预测误差，两者都很难进一步减小，为保证实际的热点温度低于温度限值，只能压低动态载流量。根据动态载流量试验的经验，e_1+e_2 不会超过 5 K，因此，要使得接头热点温度 T_j 始终低于温度限值 T_m，需要将式（5.6）中的 T_m 取为 85℃，而非实际的导体温度限值 90℃。

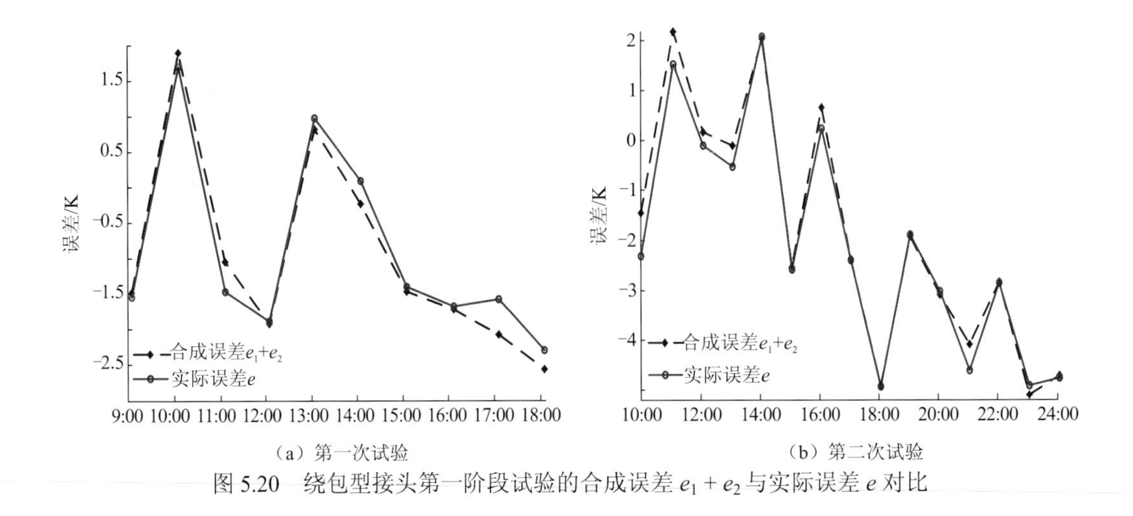

（a）第一次试验　　（b）第二次试验

图 5.20　绕包型接头第一阶段试验的合成误差 e_1+e_2 与实际误差 e 对比

2. 第二阶段试验

根据前述的误差分析，针对绕包型接头开展了第二阶段的动态载流量试验，将式（5.6）中的温度限值 T_m 从 90 ℃修改为 85 ℃。共进行了两次试验，测试结果如图 5.21 所示，试验中导体温度在 80～87 ℃之间上下波动，两次试验中热点最高温度分别为 86.9 ℃和 85.6 ℃，均不超过导体的温度限值 90 ℃，在不影响绝缘管母安全运行的条件下有效提升了载流量，初始暂态增容约 60%，稳态下的增容比例在 10%～40%之间，动态增容成功。

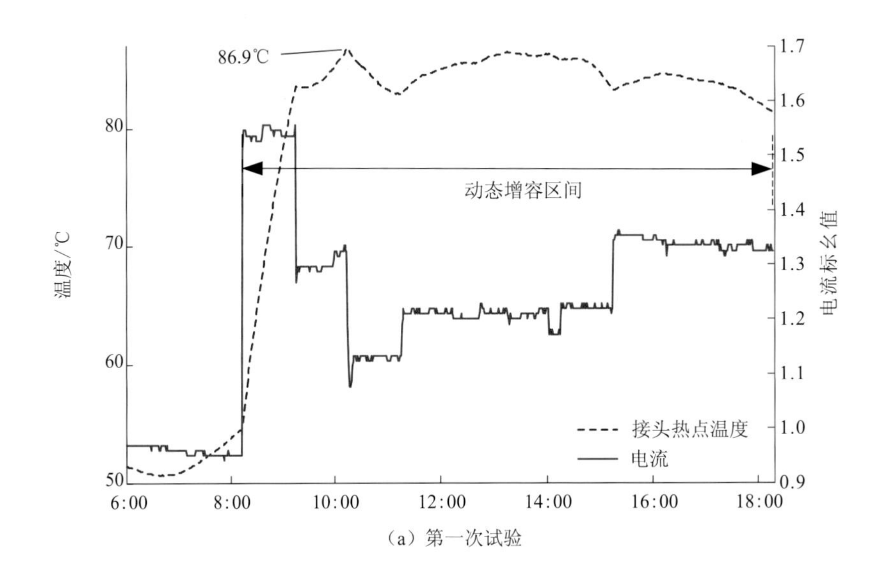

（a）第一次试验

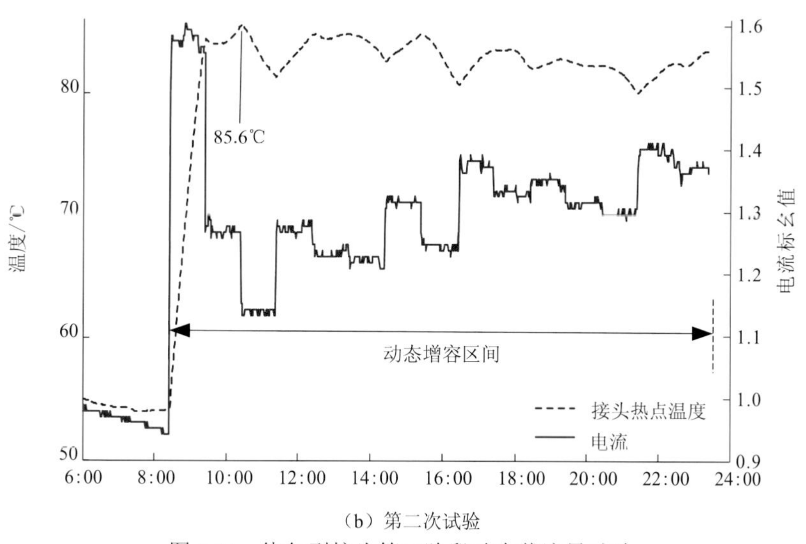

（b）第二次试验

图 5.21　绕包型接头第二阶段动态载流量试验

5.2.3　屏蔽筒接头的试验结果与分析

1. 第一阶段试验

仿照前述绕包型接头的分析方法，首先开展第一阶段的屏蔽筒接头动态载流量试验，将式（5.6）中的限值 T_{m} 设为 90℃。测试结果如图 5.22 所示，两次试验中热点最高温度分别为 93.2℃和 94.6℃，均高于 90℃。下面同样对屏蔽筒接头的热点温度偏差进行分析。

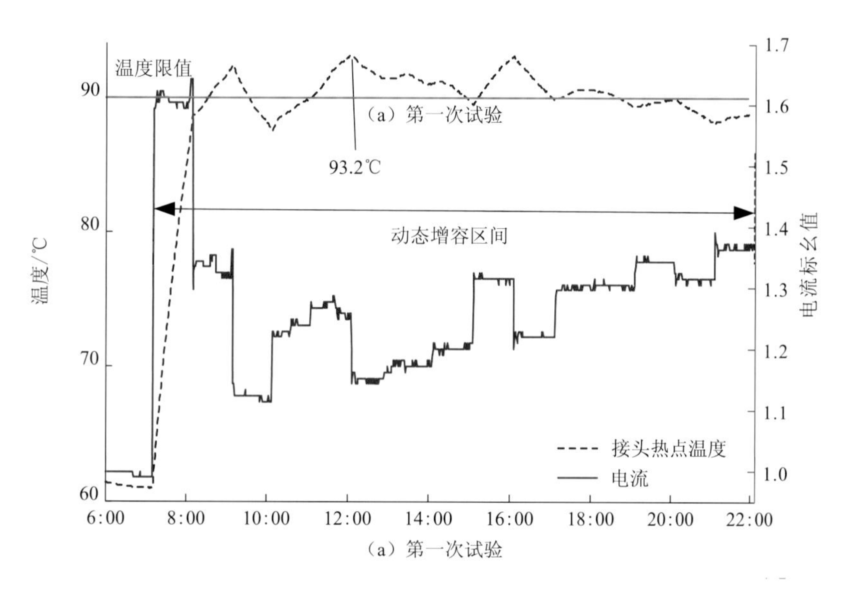

（a）第一次试验

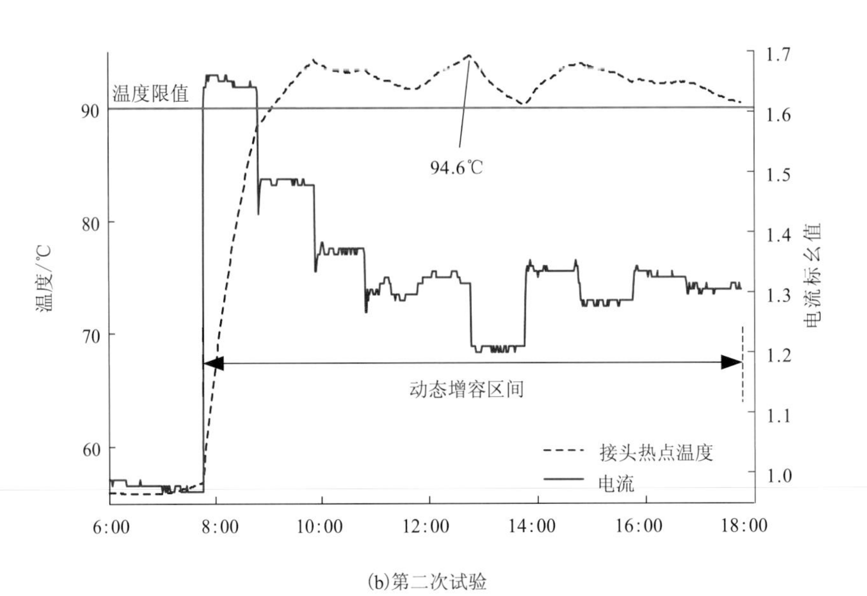

(b)第二次试验

图 5.22 屏蔽筒接头第一阶段动态载流量试验

（1）估算误差 e_1。

屏蔽筒接头热点温度实测值和估算值如图 5.23、图 5.24 所示，从图中可见，整体而言两条曲线较为接近，额定电流下接头热点稳态温度的实测值高于估算值，这是因为 R_{j1} 辨识中利用的是热点温度反演结果，而屏蔽筒接头的反演值低于实测值，所以 R_{j1} 也低于实测值，造成稳态额定电流下热点温度估算值偏低；而在动态增容后，夜间稳态下的热点温度估算值又高于实测值，说明根据温度场仿真得到的修正公式（5.7）存在一定误差，导致在电流较大时 R_{j1} 偏大。此外，白天热点温度估算值又低于实测值，这一点与绕包型接头规律一致，与太阳辐射强度有关。

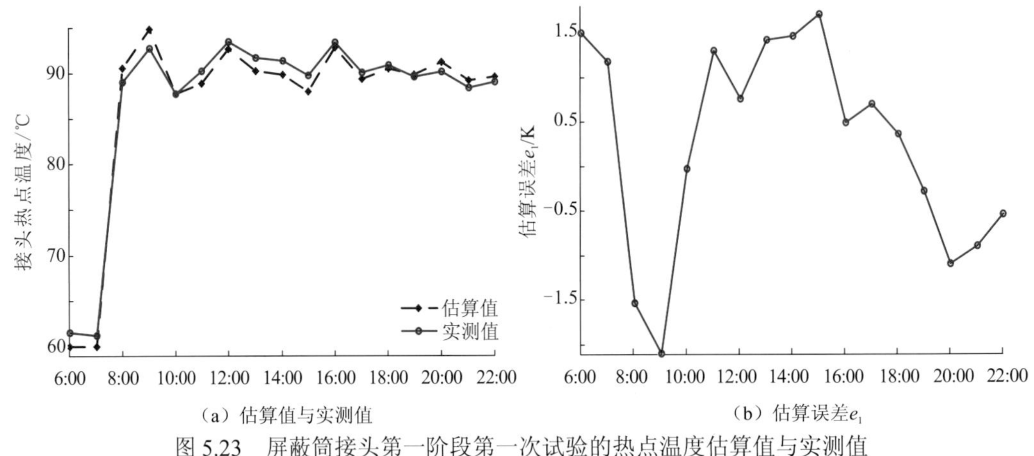

（a）估算值与实测值　　（b）估算误差 e_1

图 5.23 屏蔽筒接头第一阶段第一次试验的热点温度估算值与实测值

（2）预测误差 e_2。

ARIMA 模型的预测结果如图 5.25、图 5.26 所示，估算值围绕着实测值波动，最大误差约 4.6 K，出现在气温急剧上升的阶段，其余时刻的预测误差基本在 3 K 以内。

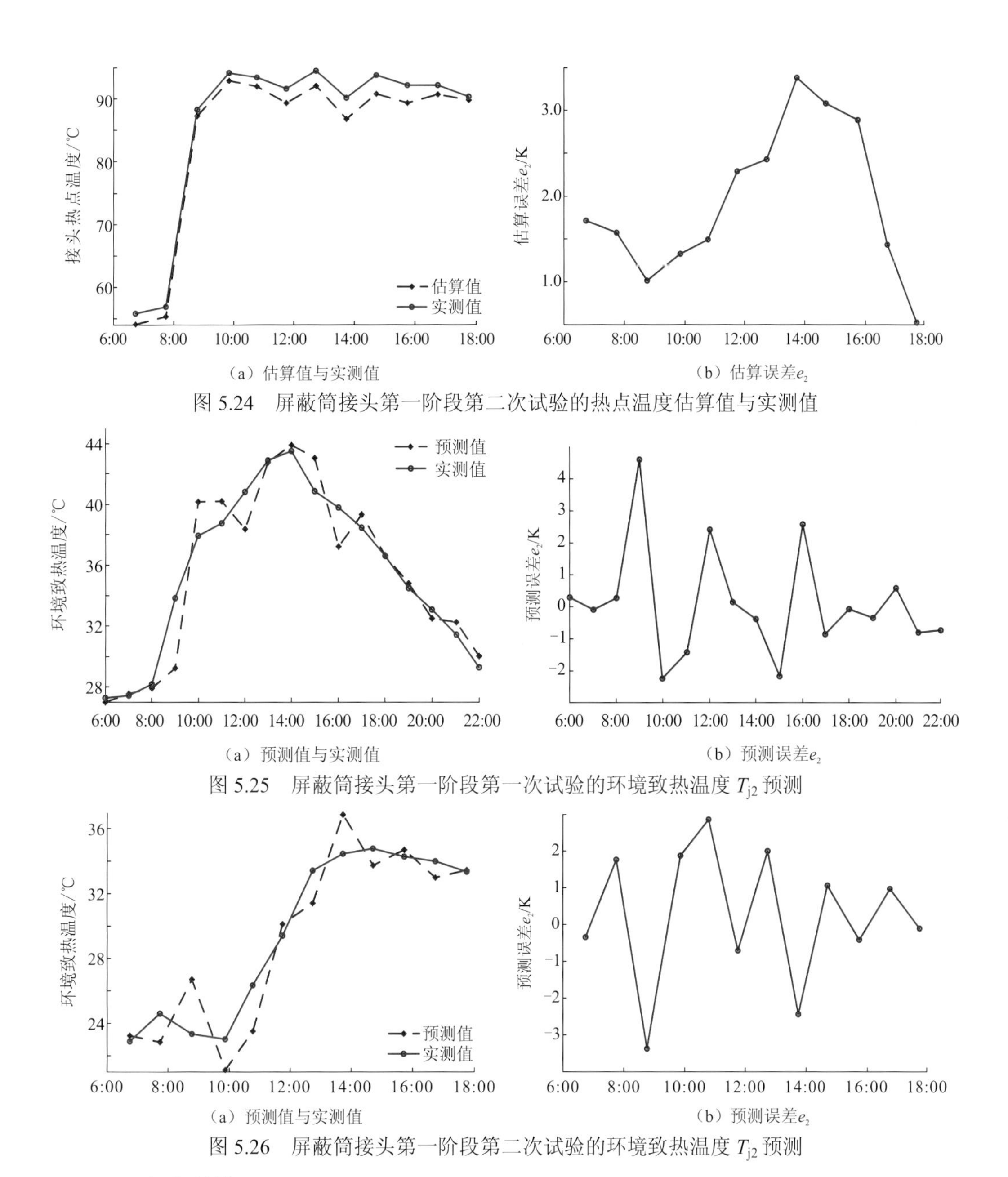

（a）估算值与实测值　　（b）估算误差e_2

图 5.24　屏蔽筒接头第一阶段第二次试验的热点温度估算值与实测值

（a）预测值与实测值　　（b）预测误差e_2

图 5.25　屏蔽筒接头第一阶段第一次试验的环境致热温度 T_{j2} 预测

（a）预测值与实测值　　（b）预测误差e_2

图 5.26　屏蔽筒接头第一阶段第二次试验的环境致热温度 T_{j2} 预测

（3）合成误差 e_1+e_2。

将前述得到的合成误差 e_1+e_2 与实际温度偏差 e 绘制于图 5.27 中，两曲线非常接近，偏差不到 0.8 K。热点温度与限值 90 ℃最大偏差为 4.6 K，根据动态载流量试验的经验，$e_1+e_2<5$ K，为保证导体温度低于限值，动态载流量预测公式（5.6）中的 T_m 应取为 85 ℃。

2. 第二阶段试验

根据前述的误差分析，针对屏蔽筒接头开展了第二阶段动态载流量试验，将预测公式（5.6）中的温度限值 T_m 设置为 85 ℃，共进行了两次试验，试验结果如图 5.28 所示。

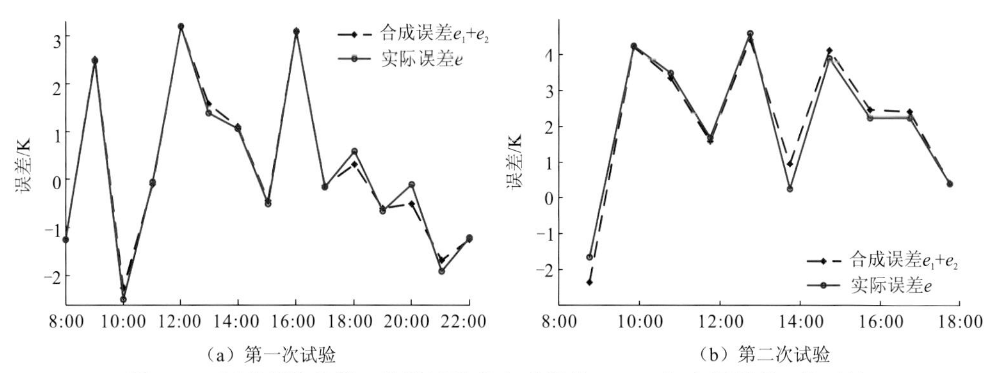

（a）第一次试验　　（b）第二次试验

图 5.27　屏蔽筒接头第一阶段试验的合成误差 $e_1 + e_2$ 与实际误差 e 的对比

试验中导体温度在 82～90℃之间上下波动，两次试验中热点最高温度分别为 89.7℃和 87.7℃，均不超过导体的温度限值 90℃，在不影响绝缘管母安全运行的条件下有效提升了载流量，其初始暂态增容约 60%，稳态下增容比例在 10%～30%之间，动态增容成功。

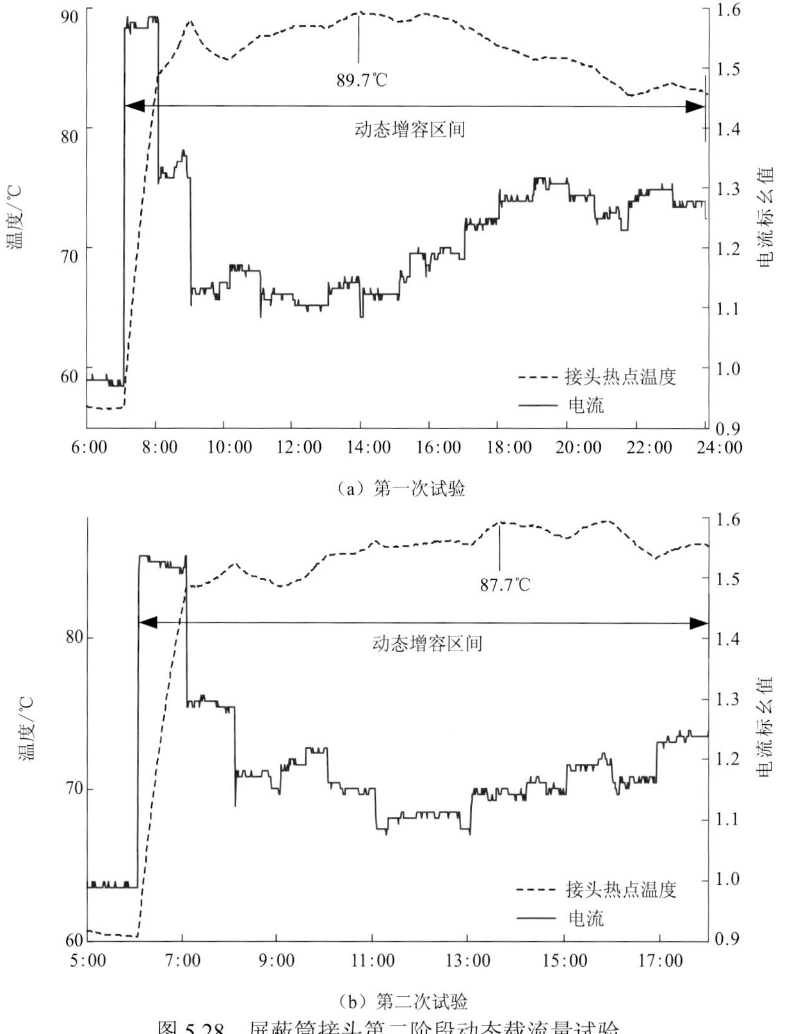

（a）第一次试验

（b）第二次试验

图 5.28　屏蔽筒接头第二阶段动态载流量试验

5.3　本 章 小 结

本章提出了绝缘管母接头动态载流量的滚动预测方法，并设计和开展了动态载流量试验，对所提方法进行改进和验证，主要得到了如下结论：

（1）建立了绝缘管母接头动态载流量预测模型，采用一阶热路对接头的三维温度场进行简化，并利用前述接头热点温度反演算法辨识关键热路参数，基于边界条件等效原理结合绝缘管母表面温度提取热环境信息，通过 ARIMA 模型对短时环境变化进行预测，在此基础上，实现了接头动态载流量的滚动预测。

（2）针对绕包型接头和屏蔽筒接头开展了动态载流量试验，在第一阶段试验中，式（5.6）的 T_m 取为 90℃，结果发现实际接头的热点温度会超过限值 90℃，为此深入分析了动态载流量预测的误差，将其分解为估算误差 e_1 和预测误差 e_2，前者由模型参数的辨识误差引入，后者属于时间序列的预测误差，在实际中上述误差都很难进一步减小。为此，根据经验将式（5.6）的 T_m 改为 85℃，从而降低动态载流量，多次试验结果表明：改进后接头热点温度均在 80～90℃之间波动，在不引起接头过热老化的同时增大了绝缘管母接头的输送容量，动态载流量预测成功。

参 考 文 献

[1] 中国电力企业联合会. 中电联发布2019—2020年度全国电力供需形势分析预测报告[R/OL]. (2020-01-22)[2023-03-01]. https: //cec.org.cn/detail/index.html?3-277104

[2] 国家电网有限公司. 国家电网有限公司十八项电网重大反事故措施(2018年修订版)及编制说明[M]. 北京: 中国电力出版社, 2018.

[3] 阮羚, 刘睿, 赵健康, 等. 绝缘管型母线的行业现状分析及关键技术展望[J]. 中国电力, 2018, 51(6): 67-76.

[4] 中国电力企业联合会. 绝缘管型母线的发展及应用调查报告[R/OL]. (2021-07-13)[2023-03-01]. https: //max. book118. com/html/2021/0712/6123013230003212. shtm

[5] 刘凤莲, 薛志航, 邓元实, 等. 绝缘管型母线运行特性及状态评估方法[J]. 高电压技术, 2017, 43(12): 4088-4095.

[6] 朱思瑞, 刘洋, 阮羚, 等. 环氧树脂浇注类绝缘管型母线易发缺陷分析及检测手段[J]. 电工技术学报, 2019, 34(12): 2664-2670.

[7] 国家能源局. 35 kV及以下固体绝缘管型母线: DL/T 1658—2016[S]. 北京: 中国电力出版社, 2016.

[8] 国家电网有限公司. 7.2 kV-40.5 kV绝缘管型母线技术规范: Q/GDW 11646—2016[S]. 北京: 国家电网公司, 2017.

[9] 郑云海, 吴奇宝, 何华琴, 等. 全绝缘管母线局部放电的检测与分析诊断[J]. 绝缘材料, 2010, 43(4): 63-66.

[10] 郑钏, 林肖裴, 沈璟, 等. 主变低压侧管型母线缺陷分析与运维建议[J]. 江西电力职业技术学院学报, 2017, 30(1): 5-7.

[11] 赵永昌, 王振方, 叶秀成. 35 kV绝缘管母外绝缘护套烧损故障分析[C]//中国通信学会青年工作委员会. 第十八届全国青年通信学术年会论文集: 下册. 北京: 国防工业出版社, 2013: 96-97.

[12] 陈军旗. 35 kV绝缘管母线接头放电故障[J]. 电世界, 2015, 56(11): 26.

[13] 姜庆密, 亓富军, 田纪法. 复合屏蔽绝缘管母线局部发热成因及案例处理[J]. 电气技术, 2013(9): 53-57.

[14] 阮羚, 李成磊, 杨帆, 等. 绝缘管型母线的发展现状及研究动向[J]. 高压电器, 2018, 54(4): 43-53.

[15] 陈贤熙, 李国伟. 一起变压器变低全绝缘管型母线绝缘缺陷综合分析[J]. 中国电业(技术版), 2014(11): 25-28.

[16] 祝伟强, 付芸. 主变变低绝缘管型母线故障分析[J]. 电气技术, 2019, 20(5): 96-99.

[17] 陈滔. 主变变低绝缘管母发热缺陷分析及应对研究[J]. 技术与市场, 2018, 25(8): 108-109.

[18] 曾伟忠, 钟田勇, 朱瑞超, 等. 变电站屏蔽绝缘铜管母线运行中存在的问题及解决方案[J]. 电工技术, 2015(1): 64-65, 74.

[19] 张健能, 何宇琪, 胡晓萌. 绝缘管型母线绝缘缺陷红外检测技术的研究与应用[J]. 电线电缆, 2015(6): 17-20, 31.

[20] 苗银银. 10 kV绝缘铜管母线局部放电检测方法[J]. 自动化应用, 2014(12): 120-122.

[21] 柯祖梁, 刘潇, 肖云. 一起10 kV绝缘管形母线故障分析[J]. 机电信息, 2016(27): 3-4.

[22] 张东, 周利兵. 全绝缘母线外绝缘击穿问题分析及改造措施[J]. 电力科学与工程, 2014, 30(11): 37-40.
[23] 申强, 魏钢, 王昊, 等. 多种带电检测技术在 10 kV 绝缘管型母线故障诊断中的应用[J]. 电工技术, 2015(9): 10-12, 14.
[24] 杨帆, 张耀东, 周启义, 等. 一起绝缘管型母线故障的综合缺陷分析及防范措施[J]. 湖北电力, 2015, 39(8): 42-44, 49.
[25] 张星海, 刘凤莲, 邓元实, 等. 35 kV 绝缘管型母线运行异常分析及结构探讨[J]. 高压电器, 2016, 52(1): 190-197, 203.
[26] 刘凤莲, 薛志航, 邓元实, 等. 绝缘管型母线运行特性与电力电缆的类比研究[C]// 中国电力科学研究院. 全国第十次电力电缆运行经验交流会论文集: 下册, 武汉: 中国电力科学研究院, 2016: 1031-1035.
[27] 廖军, 吴胜, 高燃, 等. 一起直流融冰兼动补装置 TCR 支路绝缘管母故障分析及处理[J]. 电线电缆, 2017(6): 41-44.
[28] 张峰, 陆茹. 一起全绝缘管母局部放电的检测与分析[J]. 电力安全技术, 2018, 20(3): 66-68.
[29] 孙利朋, 秦家远, 刘赟, 等. 全绝缘管型母线典型结构与绝缘缺陷分析[J]. 湖南电力, 2018, 38(2): 25-28.
[30] 宋永佳, 全杰雄, 温才权, 等. 铜屏蔽层绕制方式对绝缘管母安全运行影响的研究[J]. 电测与仪表, 2017, 54(1): 101-104, 117.
[31] 陈德会. 风电汇集站全绝缘管型母线击穿分析[J]. 电站系统工程, 2018, 34(6): 81-82.
[32] 张健能, 黄心波, 梁丽雪. 绝缘管型母线改半绝缘管型母线的工程应用[J]. 电线电缆, 2018(3): 42-44.
[33] 任想, 祁利, 潘雪莉, 等. 基于全过程技术管控的绝缘管型母线性能及工程质量提升[J]. 湖北电力, 2019, 43(5): 45-52.
[34] 张黎明, 刘创华, 方琼, 等. 热老化对管型母线绝缘材料 PET 薄膜性能的影响研究[J]. 绝缘材料, 2016, 49(8): 44-48.
[35] 张振鹏, 饶文彬, 牟建, 等. 绝缘管型母线的温升试验研究与仿真计算[C]// 中国电力科学研究院. 全国第十次电力电缆运行经验交流会论文集: 下册, 武汉: 中国电力科学研究院, 2016: 1036-1038.
[36] 戴沅, 程养春, 钟万里, 等. 高压架空输电线路动态增容技术[M]. 北京: 中国电力出版社, 2013.
[37] 花欢欢. 输电线路动态增容决策支持技术研究[D]. 长沙: 长沙理工大学, 2014.
[38] 姜鹏. 输电线路温度在线监测技术研究[D]. 淄博: 山东理工大学, 2017.
[39] 赵伟博. 京津冀协同发展下的区域电网负荷特性分析及预测研究[D]. 北京: 华北电力大学, 2019.
[40] 严志杰. 架空输电线路准动态热定值的研究[D]. 济南: 山东大学, 2018.
[41] 王孔森, 盛戈皞, 孙旭日, 等. 基于径向基神经网络的输电线路动态容量在线预测[J]. 电网技术, 2013, 37(6): 1719-1725.
[42] 刘义, 张贤坤, 齐军, 等. 基于动态增容技术的输变电调度监控系统设计[J]. 中国设备工程, 2019(12): 108-109.
[43] 章禹, 何迪, 许奕斌, 等. 计及综合风险的油浸式变压器短期增容决策方法[J]. 电力系统自动化, 2017, 41(13): 86-91, 118.
[44] 凌平, 黄华. 变电设备动态增容方案设计研究[J]. 华东电力, 2011, 39(11): 1799-1802.

[45] 吴秋莉, 邓雨荣, 张炜, 等. 变电设备动态增容系统的设计与实现[J]. 电力建设, 2015, 36(5): 66-71.
[46] 章禹. 变压器健康状态评价及短期增容研究[D]. 杭州: 浙江大学, 2018.
[47] 张怡, 项中明, 马超, 等. 电网热稳定输送能力辅助决策系统[J]. 电网技术, 2020, 44(5): 2000-2008.
[48] 楼贤嗣, 王橹裕, 郭创新, 等. 考虑输电线路动态增容的增强型安全约束最优潮流[J]. 电力系统自动化, 2019, 43(18): 26-34.
[49] 付善强, 王孟夏, 杨明, 等. 架空导线载流量的多时段联合概率密度预测[J]. 电力系统自动化, 2019, 43(17): 102-108.
[50] 张斌, 金涛, 江岳文, 等. 以气象参数预测的输电线最大载流量概率模型[J]. 福州大学学报(自然科学版), 2018, 46(6): 853-859.
[51] 王艳玲, 严志杰, 梁立凯, 等. 气象数据驱动的架空线路载流动态定值分析[J]. 电网技术, 2018, 42(1): 315-321.
[52] 杨安琪, 龚庆武. 基于 BOTDR 测温技术的架空线路动态增容方法[J]. 电力系统保护与控制, 2017, 45(6): 16-21.
[53] 周海松, 陈哲, 张健, 等. 应用气象数值预报技术提高输电线路动态载流量能力[J]. 电网技术, 2016, 40(7): 2175-2180.
[54] 王天正, 朱石晶, 郭瑞宙, 等. 山西平鲁败虎堡风电场并网线动态载流量研究[J]. 电网技术, 2016, 40(5): 1400-1405.
[55] 徐伟, 鲍颜红, 周海锋, 等. 基于阻塞分析的输电线路动态增容[J]. 电力系统保护与控制, 2016, 44(6): 15-22.
[56] 吉兴全, 杜彦镔, 李可军, 等. 一种超高压输电线路动态增容方法[J]. 电力系统保护与控制, 2015(3): 102-106.
[57] 应展烽, 徐捷, 张旭东, 等. 基于脉动参数热路模型的架空线路动态增容风险评估[J]. 电力系统自动化, 2015(23): 89-95.
[58] 胡佳豪. 提高现有输电线路载流能力的方法研究[D]. 上海: 上海交通大学, 2014.
[59] 刘刚, 阮班义, 林杰, 等. 架空导线动态增容的热路法稳态模型[J]. 高电压技术, 2013, 39(5): 1107-1113.
[60] 王孔森, 盛戈皞, 王葵, 等. 输电线路动态增容运行风险评估[J]. 电力系统自动化, 2011, 35(23): 11-15, 21.
[61] 张启平, 钱之银. 输电线路实时动态增容的可行性研究[J]. 电网技术, 2005, 29(19): 48-51.
[62] ZHANG L, LIANG J F, HOU X Y, et al. The partial discharge characteristics study of insulated copper bus bar[C]//2013 IEEE Conference on Electrical Insulation and Dielectric Phenomena, October 20-23, 2013, Shenzhen, Institute of Electrical and Electronics Engineers, 2013: 1169-1172.
[63] GAO Y, CHEN L Y, ZHANG L M, et al. PD characteristics in PTFE insulated tubular busbar models measured with HFCT and acoustic sensor[C]//2015 IEEE 11th International Conference on the Properties and Applications of Dielectric Materials, July 19-22, 2015, Sydney, Institute of Electrical and Electronic Engineers, Inc., 2015: 736-739.
[64] LIU F L, XUE Z H, DENG Y S, et al. Researches on abnormal operating and condition assessment methods for insulating tubular bus-bar[C]//2016 International Conference on Condition Monitoring and Diagnosis, September 25-28, 2016, Xi'an, IEEE, 2016: 110-113.

[65] 吕庚民, 张道利, 富成伟, 等. 分割导体内预置测温光纤的XLPE电缆及附件的研制及试验[J]. 电线电缆, 2013(5): 8-11, 14.
[66] 邱伟豪, 阳林, 郝艳捧, 等. XLPE 电缆内置分布式光纤的温度监测试验[J]. 广东电力, 2018, 31(8): 175-181.
[67] 中国电力企业联合会. 高压电缆接头内置式导体测温装置技术规范: T/CEC 121—2016[S]. 北京: 中国电力企业联合会, 2016: 1-9.
[68] 贺毅, 代文平, 肖琨. 铁道 27.5 kV 电缆接头芯温监测系统方案研究[J]. 电气技术, 2020, 21(2): 114-118.
[69] 李培培, 高晓宁, 黄俊. 测温型 T 接头的研制和应用[J]. 新型工业化, 2018, 8(6): 15-20.
[70] 李佳诚, 荣俊杰, 胡冠华, 等. SAW 传感器在电缆测温中的应用研究[J]. 山东工业技术, 2015(13): 215-218.
[71] 阎孟昆, 吴建德, 赵崇文, 等. 基于电磁耦合的电缆导体运行温度直接测量方法[J]. 高电压技术, 2013, 39(11): 2664-2669.
[72] NAKAMURA S, MOROOKA S, KAWASAKI K. Conductor temperature monitoring system in underground power transmission XLPE cable joints[J]. IEEE Transactions on Power Delivery, 1992, 7(4): 1688-1697.
[73] BRAGATTO T, CRESTA M, GATTA F M, et al. Underground MV power cable joints: a nonlinear thermal circuit model and its experimental validation[J]. Electric Power System Research, 2017, 149: 190-197.
[74] 仝子靖, 周年荣, 段泉圣, 等. 基于热路法的环网柜 T 型电缆接头导体温度检测研究[J]. 传感器与微系统, 2017, 36(11): 131-134, 138.
[75] PILGRIM J A, SWAFFIELD D J, LEWIN P L, et al. Assessment of the impact of joint bays on the ampacity of high-voltage cable circuits[J]. IEEE Transactions on Power Delivery, 2009, 24(3): 1029-1036.
[76] 常文治, 韩筱慧, 李成榕, 等. 阶跃电流作用下电缆中间接头温度测量技术的试验研究[J]. 高电压技术, 2013, 39(5): 1156-1162.
[77] YANG F, CHENG P, LUO H, et al. 3-D thermal analysis and contact resistance evaluation of power cable joint[J]. Applied Thermal Engineering, 2016, 93: 1183-1192.
[78] YANG F, LIU K, CHENG P, et al. The coupling fields characteristics of cable joints and application in the evaluation of crimping process defects[J]. Energies, 2016, 9(11): 932.
[79] 刘刚, 王振华, 徐涛, 等. 110 kV 电缆中间接头载流能力计算与实验分析[J]. 高电压技术, 2017, 43(5): 1670-1676.
[80] WANG P Y, LIU G, MA H, et al. Investigation of the ampacity of a prefabricated straight-through joint of high voltage cable[J]. Energies, 2017, 10(12): 1-17.
[81] 刘刚, 王鹏宇, 毛健琨, 等. 高压电缆接头温度场分布的仿真计算[J]. 高电压技术, 2018, 44(11): 3688-3698.
[82] 刘刚, 王鹏宇, 王振华, 等. 基于 ANSYS 的高压交流电缆接头载流量确定方法[J]. 华南理工大学学报(自然科学版), 2017, 45(4): 22-29.
[83] 刘超, 阮江军, 黄道春, 等. 考虑接触电阻下的电缆接头热点温度[J]. 高电压技术, 2016, 42(11):

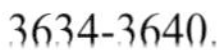
3634-3640.

[84] 韩筱慧. 电力电缆中间接头温度在线监测系统的研究[D]. 北京: 华北电力大学, 2012.

[85] 肖微, 韩钦, 朱文滔, 等. 基于广义回归神经网络的电缆接头温度预测[J]. 电气应用, 2013, 32(13): 34-37.

[86] 高云鹏, 谭甜源, 刘开培, 等. 电缆接头温度反演及故障诊断研究[J]. 高电压技术, 2016, 42(2): 535-542.

[87] 仝子靖, 周年荣, 唐立军, 等. 基于神经网络的环网柜 T 型连接头导体温度测量[J]. 云南电力技术, 2018, 46(2): 111-115, 124.

[88] PATTON R N, KIM S K, PODMORE R. Monitoring and rating of underground power cables[J]. IEEE Transactions on Power Apparatus and Systems, 1979, 98(6): 2285-2293.

[89] International Electrotechnical Commission. Calculation of the cyclic and emergency current rating of cables.part 2: cyclic rating of cables greater than 18/30(36) kV and emergency ratings for cables of all voltages: IEC 60853-2: 1989 [S]. Geneva: IEC Central Office, 1989.

[90] ANDERS G J. Rating of electric power cables: ampacity computations for transmission, distribution, and industrial applications[M]. New York: McGraw-Hill Professional, 1997.

[91] OLSEN R S, HOLBOLL J, GUDMUNDSDÓTTIR U S. Dynamic temperature estimation and real time emergency rating of transmission cables[C]//2012 IEEE Power and Energy Society General Meeting, July 22-26, 2012, San Diego, California, IEEE, 2012: 4947-4954.

[92] OLSEN R S, ANDERS G J, HOLBOELL J, et al. Modelling of dynamic transmission cable temperature considering soil-specific heat, thermal resistivity, and precipitation[J]. IEEE Transactions on Power Delivery, 2013, 28(3): 1909-1917.

[93] MARC D A, FRANCISCO D L, SAEED J, et al. Ladder-type soil model for dynamic thermal rating of underground power cable[J]. IEEE Power and Energy Technology System Journal, 2014, 1(1): 21-30.

[94] JONATHAN L, THOMAS C, MARTIN O, et al. Non-concentric ladder soil model for dynamic rating of buried power cables[J]. IEEE Transactions on Power Delivery, 2021, 36(1): 235-243.

[95] IEEE Power and Energy Society. Calculating the current-temperature relationship of bare overhead conductors: IEEE Standard 738-2012[S]. New York: IEEE-SA Standards Board, 2012: 1-58.

[96] MORGAN V T. The current carrying capacity of bare overhead conductors[J]. Transactions of the Inst. of Engineers Australia, 1968, 4(3): 63-72.

[97] 水利电力部西北电力设计院. 电力工程电气设计手册: 电气一次部分[M]. 北京: 中国电力出版社, 1989.

[98] CIGRE Working Group B2.42. Guide for thermal rating calculations of overhead lines[R]. Paris: CIGRE, 2014.

[99] ANTONIO B, PIERLUIGI C, PASQUALE D F, et al. Day-ahead and intraday forecasts of the dynamic line rating for buried cables[J]. IEEE Access, 2018, 7: 4709-4725.

[100] 刘刚, 阮班义, 张鸣. 架空导线动态增容的热路法暂态模型[J]. 电力系统自动化, 2012, 36(16): 58-62, 123.

[101] ANDERS G J, NAPIERALSKI A, ZUBERT M, et al. Advanced modeling techniques for dynamic feeder rating systems[J]. IEEE Transactions on Industry Applications, 2003, 39(3): 619-626.

[102] LI H J, TAN K C, QI S. Assessment of underground cable ratings based on distributed temperature sensing[J]. IEEE Transactions on Power Delivery, 2006, 21(4): 1763-1769.

[103] 牛海清, 郑文坚, 雷超平, 等. 基于有限元和粒子群算法的电缆周围土壤热特性参数估算方法[J]. 高电压技术, 2018, 44(5): 1557-1563.

[104] DOUGLASS D A, GENTLE J, NGUYEN H M, et al. A review of dynamic thermal line rating methods with forecasting[J]. IEEE Transactions on Power Delivery, 2019, 34(6): 2100-2109.

[105] FAN F, BELL K, INFIELD D. Probabilistic real-time thermal rating forecasting for overhead lines by conditionally heteroscedastic auto-regressive models[J]. IEEE Transactions on Power Delivery, 2016, 32(4): 1881-1890.

[106] ZHAN J P, CHUNG C Y, DEMETER E. Time series modeling for dynamic thermal rating of overhead lines[J]. IEEE Transactions on Power Systems, 2017, 32(3): 2172-2182.

[107] FAN F, BELL K, INFIELD D. Transient-state real-time thermal rating forecasting for overhead lines by an enhanced analytical method[J]. Electric Power System Research, 2019(167): 213-221.

[108] 江淼, 陈玉峰, 盛戈皞, 等. 基于神经网络在线学习的输电线路多时间尺度负载能力动态预测[J]. 电气自动化, 2016, 38(2): 87-90, 105.

[109] 付善强. 架空导线载流量概率预测方法研究[D]. 济南: 山东大学, 2019.

[110] 丁尧. 时变气象环境下架空线路动态载流裕度评估与运行风险预警方法[D]. 重庆: 重庆大学, 2018.

[111] TILMAN R, PHILIPP S, ALBERT M. Probabilistic ampacity forecasting for overhead lines using weather forecast ensembles[J]. Electrical Engineering, 2013, 95(2): 99-107.

[112] ALEXANDER W, KENNETH R, JACOB P, et al. Coupling computational fluid dynamics with the high resolution rapid refresh model for forecasting dynamic line ratings[J]. Electric Power System Research, 2019(170): 326-337.

[113] 任丽佳, 江秀臣, 盛戈皞, 等. 输电线路允许输送容量的混沌预测[J]. 中国电机工程学报, 2009, 29(25): 86-91.

[114] 任丽佳. 基于导线张力的动态提高输电线路输送容量技术[D]. 上海: 上海交通大学, 2008.

[115] 张斌. 基于气象预测的输电线路动态增容方法研究[D]. 福州: 福州大学, 2018.

[116] 宋长城. 电力系统节点-支路灵活性资源协同优化调度[D]. 济南: 山东大学, 2019.

[117] TEH J S, LAI C M. Risk-based management of transmission lines enhanced with the dynamic thermal rating system[J]. IEEE Access, 2019, 7: 76562-76572.

[118] SAJAD M, BEHNAM M I, SAJJAD T. Dynamic line rating forecasting based on integrated factorized Ornstein-Uhlenbeck processes[J]. IEEE Transactions on Power Delivery, 2017, 35(2): 851-860.

[119] AZNARTE J L, SIEBERT N. Dynamic line rating using numerical weather predictions and machine learning: a case study[J]. IEEE Transactions on Power Delivery, 2017, 32(1): 335-343.

[120] 罗军川. 电气设备红外诊断实用教程[M]. 北京: 中国电力出版社, 2013.

[121] 李雁浩. 传热过程的模型预测反演方法及应用[D]. 重庆: 重庆大学, 2017.

[122] OZISIK M N, ORLANDE h R B. Inverse heat transfer[M]. New York: CRC Press, 2000.

[123] 李斌, 刘林华. 一种基于边界元离散的导热问题几何边界识别算法[J]. 中国电机工程学报, 2008, 28(20): 38-43.

[124] 王堃, 王广军, 陈红, 等. 稳态传热边界温度分布的正则化共轭梯度反演[J]. 中国电机工程学报, 2013, 33(17): 78-82.

[125] 杨世铭, 陶文铨. 传热学[M]. 4 版. 北京: 高等教育出版社, 2006.

[126] 王青平, 白武明, 王洪亮. 瑞利数对热对流的影响: 在地幔柱中的应用[J]. 地球物理学报, 2011, 54(6): 1566-1574.

[127] WELTY J R, WICKS C E, WILSON R E, et al. Fundamentals of momentum, heat and mass transfer[M]. New York: John Wiley & Sons, Inc. , 2008.

[128] 李人宪. 有限体积法基础[M]. 北京: 国防工业出版社, 2005.

[129] CENGEL Y. heat transfer-a practical approach[M]. New York: Mc-Graw hill, 2003.

[130] 李宏顺, 周怀春, 陆继东, 等. 炉膛辐射换热计算的一种改进的离散传递法[J]. 中国电机工程学报, 2003, 23(4): 166-170.

[131] LOCKWOOD F C, SHAH N G. A new radiation solution method for incorporation in general combustion prediction procedures[J]. Symposium (International) on Combustion, 1981(18): 1405-1414.

[132] PRICE D M, JARRATT M. Thermal conductivity of PTFE and PTFE composites[J]. Thermochimica Acta, 2002, 392: 231-236.

[133] BLUMM J, LINDEMANN A, MEYER M, et al. Characterization of PTFE using advanced thermal analysis techniques[J]. International Journal of Thermophysics, 2010, 31(10): 1919-1927.

[134] 余其铮. 辐射换热基础[M]. 北京: 高等教育出版社, 1990.

[135] RAITHBY G D, HOLLANDS G T. A general method of obtaining approximate solutions to laminar and turbulent free convection problems[J]. Advances in heat Transfer, 1975, 11: 265-315.

[136] 邓军, 吴泽华, 周士贻, 等. 换流变阀侧套管温度分布的计算及其影响因素分析[J]. 电瓷避雷器, 2018(5): 164-168.

[137] EVERITT B S, SKRONDAL A. The Cambridge dictionary of statistics[M]. London: Cambridge University Press, 2010.

[138] International Electrotechnical Commission. Industrial platinum resistance thermometers and platinum temperature sensors: IEC 60751—2022[S]. Geneva: IEC Central Office, 2022.

[139] 李欣然, 姜学皎, 钱军, 等. 基于用户日负荷曲线的用电行业分类与综合方法[J]. 电力系统自动化, 2010, 34(10): 56-61.

[140] International Electrotechnical Commission. Electric cables-calculation of the current rating-part 1-1: current rating equations (100% load factor) and calculation of losses-general: IEC 60287-1-1—2014[S]. Geneva: IEC Central Office, 2014.

[141] MARINO B M, MUNOZ N, THOMAS, et al. Calculation of the external surface temperature of a multi-layer wall considering solar radiation effects[J]. Energy and Buildings, 2018, 174: 452-463.

[142] ZHANG Z P, RAO W B, RUAN L, et al. Research on the temperature rise characteristic of 10 kV fully insulated busbar system[C]//2016 China International Conference on Electricity Distribution, August 10-13, 2016, Xi'an, IEEE, 2016: 1-4.

[143] 卡兰塔罗夫, 采伊特林. 电感计算手册[M]. 北京: 机械工业出版社, 1992.

[144] 王燕. 应用时间序列分析[M]. 4 版. 北京: 中国人民大学出版社, 2016.